北美橡树

曹基武　谭梓峰　尹建　李彪　耿芳　邹义萍　杨玉洁 等　著

科学出版社

北　京

内 容 简 介

　　本书对北美橡树的分类学特性、植物区系地理学起源、北美橡树品种识别、主要品种详细介绍、生态学特性及繁殖栽培技术、利用价值、以及橡树的文化价值进行了系统论述。

　　本书紧密结合我国橡树生产实践，和当前橡树产业化开发的实际需要撰写而成。全书内容翔实、知识系统规范，实用性强，通俗易懂。非常适合橡树生产一线用作生产技术指导工具，也可供有关科研、教学、生产的朋友阅读参考。本书的出版，必将为我国橡树产业快速发展将起到有力的推动作用。

图书在版编目（CIP）数据

北美橡树 / 曹基武等著. —北京：科学出版社，2015.9
ISBN 978-7-03-045799-8

Ⅰ. ①北… Ⅱ. ①曹… Ⅲ. ①栎属－介绍－北美洲 Ⅳ. ①S792.18

中国版本图书馆CIP数据核字（2015）第226078号

责任编辑：李　悦　田明霞 / 责任校对：彭　涛
责任印制：肖　兴 / 书籍设计：金舵手世纪

科　学　出　版　社 出版
北京东黄城根北街16号
邮政编码：100717
http://www.sciencep.com

北京利丰雅高长城印刷有限公司 印刷
科学出版社发行　各地新华书店经销

*

2015年9月第 一 版　　开本：787×1092　1/16
2015年9月第一次印刷　　印张：12
字数：305 000

定价：158.00元
（如有印装质量问题，我社负责调换）

北 美 橡 树

《北美橡树》著者名单

顾　问：

祁承经（中国著名植物学家）

张冬林（美国乔治亚大学迈克·多尔资深教授）

主要著者：

曹基武　谭梓峰　尹　建　李　彪　耿　芳

邹义萍　杨玉洁

著者名单（按姓氏笔画排序）：

龙楚根　刘春林　李　科　杨　涛　吴　毅

吴林世　张　斌　张　璨　张孝军　陈　军

陈书民　陈丽红　金　鑫　郑　祥　单伟芳

胥　雯　贾吴奔　晁　辉　彭继庆　舒　荣

蔡春艳　裴小军　缪鹏程

北 美 橡 树

鸟吃栎子

鸟吃栎子

北 美 橡 树

序 一

全球栎树（*Quercus*）（包括 *Cyclobalanopsis*）共计 450（～600）种，栎树亦称橡树，橡树名称多用于中国北方民间。全球栎属分布广阔，北临 62°N 的北欧斯堪的纳维亚半岛，南达 16°N 的缅甸、泰国，中南半岛北部及南美的哥伦比亚（仅 1 种），南北跨越约 46 个纬度，东西跨越约 75 个经度。其中约有 80% 的种类分布于 35°N 以内。其多数种构成北温带至亚热带，甚至包括东南亚半岛的北热带森林的建群种或优势种，即地带性植被代表种。其树体高大挺拔如鹤立鸡群、树冠开展而覆地广阔、根深叶茂且长寿不衰，自然播种于林下和林缘，与野生动物息息相关，形成了持续稳定的生态系统。栎树极富森林的魅力，构成了各类森林的骨干和主轴线，可以设想，如果森林缺失栎树，那将会黯然失色，景观无存，甚至使森林生态质量降级以致生态系统解体。

栎树用途广阔，浑身是宝，木材是优良硬木，密度一般 $\geqslant 0.75 \mathrm{g/cm^2}$，为建材（地板、门窗）、工具柄、运动器材、乐器、工艺品材；古代多用于建筑（梁柱、梯）、油料加工器械、桥梁、船舶。果实富含淀粉和糖，可代粮食，在人类初期社会（采集社会）对人类生存和进化曾起重大作用；在小农经济时代，橡子是重要的饲料。在现代森林中，它仍是哺乳动物重要的食物来源，在维护生态系统持续发展和生物圈食物链方面有重要意义。栎树叶可饲养柞蚕，蚕丝可加工为名贵纺织品。栎树树皮、枝叶和壳斗（橡碗）富含鞣质，是制革工业重要的原料。其实，栎树（包括壳斗科树种）最重要的意义还是在于其维护生态平衡和保护生态安全上，以栎类为主的天然阔叶林，树种寿命长、林冠稠密、层片结构复杂、生物多样性指数高、生物产量高、凋落物丰富；在森林动态上稳定性强，自然播种于林下和林缘，可持续更新。因此，栎林不论在水源涵养效能还是在碳储存效能排序上都应是优先（priority）的。在当今人类处于重重生态危机和环境逆退的胁迫下，大声疾呼保护和发展以栎类为主的阔叶林，实为临危受命、重中之重、首中之首也。

从生物演化上看，在地史上栎属（*Quercus*）（栎亚属）是壳斗科最晚分化产生的类群，也应是最进化的类群，如它的雌花柱头短宽，适应于风媒传粉，壳斗碗形，坚果大部分外露易脱落，较能适应逆退生境等性状均属于进化禀性。壳斗科最早的化石出现于 1 亿年前的早白垩世，栎属大约在距今 6000 万年前的古新世晚期出现，距今 5000 万～5500 万年的始新世早期才有化石记录。从植物地理区系发生与演化来看，北美栎属原生于亚洲，后来扩散到北美，它应属于更为进化、更为繁荣、生命力更强的类群。据研究，栎属起源于东南亚半岛植物区（包括我国云南南部），美洲的栎类有两个来源：常绿硬叶栎类取道古地中海沿岸经欧洲-北美陆桥而来；落叶栎类则是在中新世以后通过白令海峡到达美洲北部，再逐渐南下，在墨西哥形成繁茂的种系。中国栎属有51种，如包括青冈栎属，则共计128种，为原生生物多样性中心。北美（含中美）产栎属约220种（《北美植物志》记载90种），美国本土产60余种，墨西哥产160种，其中90种为特有种。可以认为北美（含中美）栎属为另一个多样性中心（secondary biodiversity center）。而且，值得注意的是，由于北美栎类属新生类群，基因亲和力强，种间基因渗入（introgression）水平高，易于产生杂交种，致使种间区分困难，这些都是属于类群进化和生命力活跃的性状。

东亚与北美在植物地理区系上存在密切的植物地理亲缘关系，两地植物地理学亲缘的研究和相互引种栽培是经久不衰的研究课题。如就两地的栎树比较而言，北美栎树有下列特点值得注意。

1）北美栎树在植物区系地进演化上属新生类群，且种间基因互相渗入，对环境变化的适应性应更强。

2）中国栎树一般生长较慢，但北美栎树中确有不少速生的栎树种类，且保持优良的干形。

3）北美栎树能形成多种多样的植物群落，表明它具有广幅的生态适应性，包括温带落叶阔叶林，松栎混交林，栎树丛林（oak woodland，地中海干热丛林），栎硬叶密灌丛（chaparral-oak associations），亚热带、热带栎类稀树草原（oak savanna），热带高山、亚高山栎林等。北美栎树对水分的适应幅度也较广，不仅拥有不同程度耐干旱的栎树，同时也有耐不同程度水湿的栎树，甚至包括能在池沼地生长的种类。

4）中国栎类本属于各气候带森林建群种或优势种，但由于人为干扰频繁、生境逆退，不仅原生植被荡然无存，甚至次生植被覆被面积也越来越萎缩，如一些适应性强的槲栎（*Quercus aliena*）、槲树（*Q. dentata*）、蒙古栎（*Q. mongolica*）、白栎（*Q. fabri*）、枹栎（*Q. serrata*）等多形成林相极其残次的低矮灌丛。从中国长期森林经营方针政策来看，森林栽培多以北杨南杉为主，或兼而强调发展桉树、油橄榄、毛竹、油茶，林地受到翻来覆去的烧垦，栎树几无藏身之地。相对而言，北美栎树虽然也受到同类干扰，甚至也列出了一些濒危栎树名单，但是其干扰程度不会像中国如此严重。栎树在美国无论在经济上、园林景观上、林业生产上、乃至人文信仰上仍然保持着相当高的地位，2004年美国国会通过将栎树列为法定国树的决议，而且将其用于武装部队军阶的星徽上（以金银栎树为标志），可见美国对其顶礼膜拜；栎树生物多样性也受到保育和保存，在许多大学校园常可见到数百年至千年的栎类古木巨树。

2010 年祁承经教授于湖南九龙江国家森林公园考察情景

　　东亚和北美（主要是东南部）在植物区系上存在着深厚的地理亲缘关系，两地植物学家对此课题有长远和持续的研究，两地著名树木种类也存在着互相引种的历史及现实成果。例如，北美的火炬松、池杉、落羽杉、荷花玉兰（*Magnolia grandiflora*）、美洲山核桃（*Carya illinoinensis*）等在中国长江流域城市园林种植已相当普遍。中国的银杏、水杉、红檵木同样风行于北美。近年，中国国内对引种及研究北美橡树（栎树）的势头渐热，亦可能走向红火。有鉴于此，中南林业科技大学曹基武教授、中国林业科学研究院亚热带林业研究所谭梓峰高级工程师及尹建、李彪等首开趋势之先声，多年来一直致力于北美橡树引种栽培事业，并多次赴美或居美国对北美橡树进行实地考察，他们是一批对橡树情有独钟，有着锲而不舍精神的卓越研究者。近期他们在广泛收集并阅读大量文献的基础上，撰写了专著《北美橡树》一书，该书对北美橡树的分类学特性，植物区系地理学起源，主要橡树生态学特性及繁殖栽培技术、利用价值，以及橡树的文化价值进行了系统论述。序者以为，该书是国内对北美橡树系统论述的首创之作，它将对今后中国引种栽培北美橡树起到引导、宣传认识、推动发展、技术指导的综合作用；其在科技、生态服务、经济、园林休憩及文化内涵上有很高的价值。

北 美 橡 树

　　预期北美橡树的大量引种将对中国城市林业及园林事业起到空前深远的影响，因为橡树是庞然大物的长寿巨树，树冠广展，栎叶久悬树体，极富色变，五彩缤纷，其生态价值和景观价值可能会大大超过以前的火炬松、湿地松、池杉、荷花玉兰等。但它毕竟又是生态上的"入侵者"；同时，本地的虫菌会围击外来的"入侵者"，故对其引种带来的负面影响也应有所预估。

　　引入的北美橡树不应是"喧宾夺主"之客，在发展它的同时也应高度重视对乡土栎类（壳斗科）的发展，在我国国土上重建以乡土栎类（壳斗科）为主的阔叶林生态圈仍应是我国生态建设的终极目标。

　　值此《北美橡树》专著出版之际，林业同行为之振奋，余亦欣然命笔，序之颂之，并祝书运昌隆，事业发达。

祁承经

中国著名植物学家

2015 年 6 月

序 二

　　中国与北美气候土壤条件的相似性是中国引种美国栎类植物得天独厚的优势，而引种成功并将其推广，又与栽培技术和繁育技术等息息相关。《北美橡树》一书，内容翔实丰富，对橡树文化、橡树分类和橡树的栽培与繁育技术都做了详尽的撰写，是一本较为系统介绍北美橡树的书籍。这些资料能够为园林工作者和植物爱好者更好地引种和研发栎类植物，提高它们在园林绿化中的应用价值提供指导和帮助。

　　中南林业科技大学曹基武教授是我多年的同事和朋友，他在植物的选育和栽培上造诣很深。我曾与他在中国多次采集植物，并陪他在美国数次考察观赏苗木，在接触与交流中，倍感他对观赏植物的深情与热爱，并深受感染。正是他的这种热情和执着的品性、敏锐的思维，才使得我们今天能读到他和我的几个学生共同撰写的这本大作。作为一名观赏植物科研工作者，非常感谢他们为发展中国园林植物所做的贡献。衷心希望在我们的共同努力下，北美、中国和世界其他国家的栎树能在中国的园林景观中发挥重要作用，使我们的生活环境变得更美好！

张冬林

美国乔治亚大学迈克·多尔资深教授

2015 年 7 月

张冬林教授美国指导柳栎扦插技术情景

序　三

　　北美以及中国是栎属植物的两大多样性生物区，北美橡树大多分布在北半球温带至亚热带。在美国，橡树是最重要的硬阔树种，是东部落叶阔叶林的主要成员和中部、南部高地森林的优势林木，在西部半干旱地区谷地和低坡地也有分布。北美橡树具有较高的生态、经济价值，尤其是其树势雄伟、冠幅大、叶子形状美丽、季相鲜明，具有很高的观赏价值，被广泛用作庭荫树、行道树、园景树、生态修复造林及作为专类植物展示。

　　随着经济的腾飞，我国各地非常重视生态恢复、环境美化等工作，且品质不断提升，为丰富树种、增加景观的多度，大量从国外引进优良观赏树种。北美橡树因其重要的生态、经济及景观价值，以及与中国相似的气候、土壤等适生条件备受人们青睐。

　　曹基武等各位专家近十几年在引进栎属树种种质资源及其培育技术等方面做了大量卓有成效的工作，取得了一系列成果，如选择了匹配我国生态环境的栎树种质资源基因库、引种驯化在城市初见成效等。《北美橡树》一书是各位专家研究成果的系统总结，详细介绍了北美橡树的地理学起源、文化、分类，以及主要品种的繁殖栽培技术、利用价值等，与我国橡树生产实践和当前橡树产业化开发紧密结合，内容翔实、图文并茂、实用性强。是植物尤其是园林工作者在研究、教学、引种栽培北美橡树过程中难得的参考工具书。

　　因长期从事树木引进工作，深知即使一个树种在国内具有很好的适生环境，但从繁殖到成活，再到表现适生的良好状态都需要科研工作者与生产者付出艰辛的努力。所以在《北美橡树》付梓之际，欣然为序，感谢曹基武等各位专家为引种北美橡树做出的贡献！由衷地希望北美橡树在丰富我国园林景观和城市生物多样性等方面发挥出其应有的重要作用，给人们创造优美的生活环境。同时期待着，经过各方的努力，将城市绿化与橡木资源储备相结合，积极培育橡木资源。衷心希望北美橡树在我国生根、开花、结果，健康发展，繁荣昌盛，遍及大地。

2015 年 8 月 1 日于北京

朱伟成（中）在给国内外专家讲解植物培育

朱伟成，现任中国林木种子公司总经理、教授级高级工程师，主要从事种子、苗木、花卉的进出口贸易和相关的引种、繁殖、试验和推广等工作。主要著作有《园林植物繁殖技术手册》《日本魁蒿的引种效果及丰产栽培关键技术》《银杏在园林绿化中的作用及配置》《中国林木种实解剖图谱》。

前　言

　　栎树又称橡树、柞树，是壳斗科（Fagaceae）栎属（*Quercus*）树种的统称，为落叶或常绿乔木，稀为灌木，栎属是壳斗科中种类最多、分布最广的属。栎属树种分布于亚洲、欧洲、非洲和美洲，不仅是亚热带常绿阔叶林的主要建群种，而且是温带阔叶落叶林的优势种之一，同时还是硬叶常绿阔叶林的主要成分。栎树在用材、工业原料、生物多样性、生态、环境美化等方面具有重要价值。

　　虽然我国栎属植物资源较为丰富，且栎属植物具有较高的观赏价值，但是从现状分析来看，对栎属植物的研究还远远不够。目前，研究的重点主要集中在木材利用、食用价值等经济价值方面，如蒙古栎（*Q. mongolica*）、麻栎（*Q. acutissima*）、栓皮栎（*Q. variabilis*）等，其观赏价值还没有得到应有的开发利用，其他大量具有较高观赏价值的种类也仍然处于野生或半野生状态，没有得到应有的重视；对国外栎树的引种栽培及应用更没有系统的开展。这不能不说是中国林业上的一大损失。在欧洲和北美，栎树不仅是极为重要的硬木原料，而且很早就因其高大奇特的树形、美丽的叶片和秋色而作为观赏树种被广泛应用。近年来，随着城市绿化品质的提升，一些国外新引进的树种开始逐步在城市绿地中出现，人们开始重视栎属植物的园林应用价值。

　　由于国内外树种不同，生长速度和形态特征有很大差异，加之国内对栎属植物育苗技术和种植养护技术研究较少，苗源不充分，栎属植物在国内绿化中的应用尚处在起步阶段。为丰富我国林木资源，增加城市园林绿化树种新优品种，根据国家林业局 948 项目有关北美栎树的科研成果，通过行业热心人士的积极参与，经过《中国花卉报》等多渠道宣传，目前栎树已在辰山植物园、迪斯尼乐园、上海体育中心等地栽植应用，同时也引起了行业内栎树研究热潮，行业内欲成立相关联盟。近年来，我国引种的栎属植物主要来源于北美，本书从北美栎树的起源分布、生长习性、主要品种识别与介绍、良种引种、繁育技术、文化及应用等多方面进行了系统的介绍，旨在为丰富我国栎类良种和栎属树种高效经营提供借鉴。

著　者

2015 年 7 月

北美橡树

邹为瑞，中国著名书法家、中外名家书画院执行院长、中国法务书画院院长、中国书法艺术家协会副主席、《中外名流书画家》总编辑。

作品先后被萨马兰奇、韩国前总理李寿成、德国前国务卿冷格尔、日本外务省副大臣金田、新加坡国会议员王家园、马来西亚等20多位国外政要和大型馆所收藏。

近年来，他和他的画院致力于社会公益、慈善事业和普法文化宣传。先后被北京市残联、全国妇联、河北忠诚学校、红十字扶贫公益中心、希望工程办等表彰和奖励，并荣获"特别奉献奖"、"爱心大使"、"德艺双馨艺术家"和"奥运公益爱心大使"等荣誉称号，其作品和简历被收入《中国文化遗产年鉴》等典籍。其书画院被中国市场信用共建联盟等单位授予"重信用"称号。

封面题字：邹为瑞先生

目 录

第五章　北美橡树的优良种质资源

第一章　北美橡树概论

　　栎树，也称橡树或柞树，它们大多分布在北半球温带至亚热带，北美和中美洲栎类种类繁多，构成栎属第一多样性生物区。另一多样性生物区在中国。在美国，栎树是最重要的硬阔属树种，它们是东部落叶阔叶林的主要成员，是中部、南部高地森林的优势林木，也是贯穿东部和南部的低地混交阔叶林的重要成员，在西部半干旱地区则分布于谷地和低坡地。北美栎属具有广幅生态生境，不同树种分别能耐干旱、盐碱、洪涝、酷暑和严寒。栎树的果实是鸟类等野生动物非常重要的食物，是南方森林里大部分物种最首要、最原始的过冬食物来源。栎树为家具、地板、表层饰板及其他许多有用和漂亮的产品提供高档木材。栎树被许多房屋主人作为首选的遮阳树。到了秋天，栎树的叶子变得丰富多彩：红色、棕色、赤褐色……

1.1　北美橡树的古木大树

北美多产并保存了橡树古木大树，显示了其悠久的树木年代学特性和社会文化底蕴。据英国《独立报》报道，位于美国加利福尼亚州（简称加州）的一株侏鲁帕橡树已经生存了至少 1.3 万年，可能是世界上已知最为古老的活生物。这株树出生于最后一个冰河时代，当时世界大部分地区仍被冰川覆盖。很久之后人类才开始农业生产，并在中东肥沃的月牙地带建造了第一批城市。在古埃及人（Ancient Egyptians）建造他们的金字塔，古布立吞人（Ancient Bitans）竖起巨石阵时，它已经数千岁了。科学家认为这株由一片无性繁殖的灌木丛构成的橡树是世界上最古老的活化石，它一次又一次进行自我更新以确保

图 1.1　北美橡树的大树

在经历干旱、霜冻、风暴和强风时能够生存下来。"侏鲁帕"这个名字来源于加州河畔县的侏鲁帕山，它属于一个名为"*Quercus palmeria*"的种群，也被称为帕尔默橡树。这个最古老活化石的发现提醒科学家，矮小的橡树灌木丛绝不是表面看到的那么简单。加州大学戴维斯分校教授杰弗里·罗斯-伊巴拉表示："帕尔默橡树通常生活在海拔较高的地方，那里的气候更冷并且更加湿润。相比之下，侏鲁帕橡树则落户于干旱的丛林地区，像楔子一样楔在花岗岩之间。由于受强风影响，位于小山之上其生长受到阻碍，因此比较矮小。"另一个怪异之处是侏鲁帕橡树如何以大量灌木丛的形式存在，而这些灌木丛又无法孕育出橡树果。这种怪现象说明灌木丛是无性繁殖的产物，它们均源自同一个个体，DNA 分析也证实了这一点。据测量，这株橡树连绵长度超过 22.86m，生长速度极为缓慢。科学家表示，通过无性繁殖的方式，它只能长这么大。遭遇野火之后，其根部又开始长出嫩芽。在栖息地退化后不久，橡树茎开始无计划生长，最终呈现出人们现在看到的模样。研究小组成员迈克尔·梅表示："年轮计算结果显示，侏鲁帕橡树的生长速度异常缓慢。按照当前的生长速度，每年大约增加 0.21cm。经过至少 1.3 万年的无性繁殖，它才拥有现在的规模。当然了，它的年龄可能远远超过 1.3 万岁。"另一位小组成员安德鲁·桑德斯表示，科学家认为这株橡树诞生于最后一个冰河时代，当时的气候极为寒冷。他说："这株橡树可能是最后一个冰河时代的最后一个活的遗留物。在这个冰河时代达到顶峰时，一度占领内陆山谷的木本植物消失踪影。"如果估计年龄与事实相符，那么这株橡树比最古老的美国红杉树还要年长 1 万岁。研究发现刊登在在线杂志《公共科学图书馆·综合》上。

据美国《连线》杂志报道，全球有 50 多株年逾千岁的古树。在美国南卡罗来纳

州的约翰斯小岛上，有 1 株已经有近 1500 年历史的橡树，名为天使橡树，是密西西比河以东地区最古老的活的生物体之一，也是美国发现的最古老的活橡树。它经历了很多个世纪，见证了无数文明的兴起与衰落，也经历了无数的自然灾害，在飓风、洪水、地震中生存了下来，曾在 1989 年的"雨果"飓风袭击中受损，后逐渐恢复健康，如今依然屹立于风雨之中，给那里带来了阴凉。树枝长达 30.48m，树干的直径有 8.53m。天使橡树已成为美国吸引游客人数最多的橡树之一，它现在由查尔斯顿市管理，这里已经变成了一个非常受欢迎和震撼人心的旅游景点，并且拥有其专属的公园。天使橡树附近原计划建造一座公寓，但遭到环保部门的强烈反对。环保人士指出建造公寓会改变天使橡树的地下水流向，清除附近的林地也会破坏天使橡树的根系。现在，这一项目已被搁置。

在美国分布的 60 多个栎属种或变种中，有 58 种是美国天然种，其他为欧、亚、非引进种。被列为美国南方地标的历史古迹——橡树庄园（Oak Alley Plantation）内就有 17 世纪美洲殖民期引进的橡树。橡树庄园位于美国路易斯安那州（Louisiana）新奥尔良市（New Orleans）与巴吞鲁日（Baton Rouge）之间的密

图 1.2　美国橡树庄园

西西比河岸边 [橡树庄园的地址：3645 Highway 18（Great River Road），Vacherie，LA 70090，USA.]，是美国南方种植园的遗产。橡树庄园建于 1837～1839 年，古希腊风格，因园内种有 28 株巨大的拱形古橡树而得名。1663 年，英王查理二世（King Charles Ⅱ of England）将现在的南、北卡罗来纳州纳入大英帝国版图。当时并不分南、北卡罗来纳，都称为卡罗来纳州。从这位英王开始，卡罗来纳州的土地被分成小块，以赏赐的方式节节下放。1681 年左右，约翰·布恩（John Boone）获得了一块在现在查尔斯顿（Charles Towne）的土地，取名布恩大厅种植园（Boone Hall Plantation）。约翰·布恩在这里建了一个小房子，又种下了 28 株他最喜欢的橡树。这 28 株橡树，分两行，从他的房子一直延伸到密西西比河河边。约翰·布恩的无意之举不过是每天的浇水除虫，看着树不断长大，却不曾想在 100 年后变成了另一番模样。1837 年，Jacques Telephore Roman，一个富有法国血统的甘蔗园主，买下了布恩大厅种植园，大力改造了整个庄园，但是橡树被很好地保留着。在橡树尽头的小屋改换成了一栋三层楼的豪宅，这就是"大房子"（big house），作为他心爱的美丽新娘的喜房。橡树庄园占地约 1150 亩[1]。之后庄园数度易主并经历兴衰，于 1925 年由最后一任屋主 Andrew Stewart 夫妇买下并装修，后来成立了非营利基金会，由其来管理，以保存这个具有历史价值的庄园，并对外开放。另外，约翰·布恩之后每代人都加种橡树（不知道是约翰·布恩当年口传的遗嘱，

1　1 亩≈666.7m²。

还是后辈出于追念自觉效仿，或是美国城市林业发展的其中一份），就这样一代又一代，慢慢形成了路易斯安那州不同风格庄园内的橡树天然景观，庄园游也成为了路易斯安那州的4大旅游种类之一。

美国的历史、经济、文化和城市生活都与橡树息息相关。橡树作为森林资源有极其重要的经济价值。在美国，小到孩童的摇篮和木马，大到钢琴和酒桶，都离不开橡木。橡木高贵到可以作劳斯莱斯的内饰，平常到可以成为农家的家具，橡木广为人们所喜爱。橡树在美国到处可见，它们不仅自然生长在森林里，也生长在公园、植物园、树木园里、校园、城市街头，还生长在华盛顿国会山前，那里有几株至少要2人才能合抱的白橡，它们是美国城市林业中不可缺少的一部分。

美国的两次工业革命与国家公园系统的建立极大地促进了橡树的迅速发展，国家公园时期，橡树因是森林的重要成员，而得到了大力保护。19世纪末期，美国人认识到了资源的有限性，资源保护成为建立国家公园的主要目的，国家公园在向公众提供休闲娱乐服务的同时，其功能也在向保存资源转变。在资源保护主义的推动下，以联邦政府为主导，美国进入了国家公园建设高潮期，政府组织和民间保护主义者都参与到国家公园运动当中，推动了国家公园体系的确立。1872年，美国国会通过了《黄石法案》，建立了美国第一个国家公园——黄石国家公园，截至2005年，美国共有58个国家公园。

图1.3 美国华盛顿植物园大门的橡树

在众多的国家公园里，你都可以看到橡树的身影，橡树是国家公园里不可缺少的一道绚丽风景，它们或起着重要的生态作用，或有着悠久的历史故事。

约塞米蒂国家公园（Yosemite National Park）位于美国西部加利福尼亚州，园内有1000多种花草植物，生长着黑橡树、雪松、黄松木和树王巨杉等植物。4500年前在约塞米蒂就有了人类的踪迹，他们是米沃克族的祖先，是这里的第一批居民。这些米沃克族人收集黑色的橡子，猎捕到处可见的黑尾鹿，在约塞米蒂的甘洌溪流中钓鱼。每年夏天，他们会约集邻居到东边的莫诺湖用他们的土特产——约塞米蒂的橡子和其他物品，换取矮松松子、十胜石、动物皮毛和皮毯，过着平淡如水的生活。直到有一天，掠夺者闯入这块美丽的土地，打破了这里的宁静，破坏了这里的自然平衡。

大雾山国家公园位于美国的田纳西州和北卡罗来纳州的交界处南阿巴拉契亚山脉，在山麓地带，高大的栎树、松树、铁杉混杂，这片郁郁葱葱的原始林地像一块未经雕琢的美玉，寂静而持久地展示着自己的原始美貌。大雾山国家公园每年有大约1000万游客，是美国游人最多的国家公园。1983年联合国教育、科学及文化组织将大雾山国家公园作为自然遗产列入《世界遗产名录》。

大沼泽地国家公园位于佛罗里达州南部尖角位置，深15.24cm、宽80.45km的淡水河缓缓流过广袤的平原。辽阔的沼泽地、壮观的松树林和星罗棋布的橡树林为无数野生

北 美 橡 树

动物提供了安居之地。这里是美国本土最大的亚热带野生动物保护地。

猛犸洞穴国家公园，这个公园著名的洞穴系统占地约 161hm²，是世界上最长的地下探索洞穴，吸引了众多游客。但是，不要忽视其地上的风景。绵延起伏的肯塔基山上遍布橡树、山核桃、树胶树和山茱萸林，好似马赛克装饰的秋色。

林顿·约翰逊国家历史公园，在那里，您可以一边欣赏秋叶一边了解美国历史。该公园既是林顿·约翰大牧场的所在地，又有得克萨斯白宫的美誉。周围灌木丛生。秋天，橡树、漆树和红果冬青郁郁葱葱，色彩浓重。

游仙南渡国家公园位于弗吉尼亚州，那里的树木颜色会在 10 月中旬达到顶峰，这时候去这里你会看到红棕色的橡树、亮黄色的黄桦和白杨，还有红色和橙色的紫树、漆树、枫树及美国藤。

沃亚哲斯国家公园是以水为主题的国家公园，在那里你也可以看到美丽的秋色，9 月中旬到下旬达到顶峰，游客会看到红色的橡树和枫树、黄色的山杨和纸皮桦，还有金黄色的美洲落叶松。

在徒步旅行国家公园时，你可以在大本德国家公园欣赏到巨大的枫树、柏树、橡树和杰克松，还能欣赏脚下简朴美丽的沙漠景观。

就算在红杉树国家公园里也少不了橡树的身影。1978 年 3 月，卡特总统签署法令，将私人手中近 200km² 的红杉林划归到红杉国家公园，一些牧场、橡树林及其他原始森林也被划入该公园。1980 年，联合国教科文组织将红杉树国家公园列入《世界遗产名录》，并将其纳入加州西海岸生物圈保护区。

出现了美国林业协会（AFA）。美国林业协会成立于 1875 年，是美国关于林业方面最早的群众团体。100 多年前，在北美以惊人的速度采伐利用森林时，人们为森林感到担忧，AFA 代表民众呼吁控制采伐和更新造林，促使了管理全国林业的美国林务局产生。

1903 年，西奥多·罗斯福中断常规的美国总统竞选活动，深入西部国家公园，行程 22 526km，重点考察了自然资源的保护与可持续利用。西奥多·罗斯福在黄石重申国家公园是"为了人民的利益与享用"，在访问大峡谷时明确了"要让伟大的自然奇景保留原貌，人类根本无法改善它"的认识，在约塞米蒂与"国家公园之父"约翰·缪尔共商美国的自然保育大计。这是美国历经独立战争、南北内战之后，在逐渐成长为世界大国的转折期，政府首脑第一次满怀信心将自然保育、户外运动、国家公园建设和人民的利益与幸福紧密地联系在一起。

1962 年，美国肯尼迪政府，在户外娱乐资源调查中，首先使用"城市森林"这一名词，同年在总统户外休闲资源评估委员会（President's Outdoor Recreation Resources Review Commission，ORRRC）下设城市林业信息处，标志着美国城市林业正式诞生；1965 年，由当时的第一夫人积极发起的全国范围的美化运动促成了美国国家公园白宫会议的召开，与此同时，美国林务局副局长 Philip Thornton 倡导了城市林业项目。

在有关团体的共同努力下，第一次综合性的城市林业会议于 1971 年在马萨诸塞大学召开，主题为城市化环境中的树木与森林。从此以后，美国城市林业会议每 4 年召开 1 次。每次会议对于加强团体之间、会员之间的交流，促进城市林业的发展都起到了重要的作用。

在美国城市林业发展的过程中，橡树是人们较为重视的一个保护树种。在美国得克萨斯州，1株本该被砍掉的老橡树，在市民的强烈要求下，"入住新家"，这是一个了不起的工程。这株名为吉拉尔迪的老橡树在利格市已经有100多年的历史。树高17.07m，整个树冠超过30.48m宽，树周宽3.43m，足足有234 965kg重。为了让它顺利搬家，工程队花了整整1个月的时间才完成整个过程。为了给利格市的城市发展腾出空间，这株上了年纪的老橡树原本是在被砍掉的行列的，但遭到了大家的一致反对。最后，利格市议会否决了原先的计划，决定将这株树安置在建设中的智水（Water Smart）公园内，公园本身也被纳入城市节水计划的项目中。那些陪伴老橡树生活的居民，可以在公园与他们的"老朋友"重逢。但这不是一件容易的事情，要将这个巨大的家伙移至457.5m外的地方相当困难。赫斯园林建设公司全权负责老橡树的搬家重任。施工队施以繁复的移树技术才得以将此庞然大物移植于新地。如今，老橡树有了新家，它将继续作为城市的重要一员，不仅给市民带来舒适的环境，也抑制城市的过度扩张，它将继续静静地见证城市的成长。毕竟，对于每一座城市来说，老树的作用并不仅仅是为居民遮阴挡雨。它们也是城市的见证者，默默抵制那些浮躁的现代化，它们无声地见证了城市的历史和发展。

然而在1949年和1950年，生态学家约翰·柯蒂斯及其同事详细考察了威斯康星州南部的橡树林。"柯蒂斯的著作是一本带有图解的记录。"该研究的发起人、威斯康星大学的大卫·罗杰斯说。罗杰斯及其同事怀疑，在越来越零碎的橡树林地里消失的不仅仅是树木。于是他们再次考察了柯蒂斯考察过的150个林场。结果显示：在这50多年的时间里，红橡树的两个品种减少了近50%，白橡树减少了不下31%。更惊人的是林下植物品种的变化。该研究小组在《生态学》杂志上报道称：在柯蒂斯所记录的200种本土植物中，目前有15%已经消失，同时非本土植物品种正在迁入。1950年，外来植物只存在于13个橡树林场；而今，76个林场出现了外来植物。研究小组称，在美国东部和中西部其他州，橡树林的林下植被可能也发生了同样的变化，那些地方的橡树也在减少，而且由于橡树的消失，整整一类对森林生态系统起到关键作用的本土草本植物也消失了。罗杰斯说，本土植物为野火鸡、昆虫等许多物种提供食物，所以它们（橡树）对森林生态系统的影响至关重要。鲁尼说："橡树林受到干扰才能保持健康的发展态势，放火是实现这一目标的最好办法之一。科学家认为，火灾还可以杀死橡树的病原体。曾经居住在美国东部和中西部橡树林中的土著人经常放火保树，这种行为能够提供橡子——他们的主要食物之一。但是欧洲和美洲移民制止了放火行为，错误地认为放火烧林有损于橡树。此外，鹿不断吃掉幼芽和橡子，橡树深受其害。许多狼和其他肉食动物被猎捕殆尽，没有它们的存在，这些地区的鹿群数量急剧增加。具有抗火能力的橡树需要阳光才能发芽和茁壮成长，然而较为古老的橡树被日光照射投射下来的阴影促使枫树的幼苗生长，却遮挡了小橡树需要的阳光。火灾可以除掉枫树幼苗，开辟出空地，便于橡子发芽，有助于橡树的生长。"形势是严酷的"美国农业部森林事务办的生态学家格雷戈里·诺瓦基指出，"要想缓和这种严酷形势，需要积极的管理，如按照规定放火烧林和减少白尾鹿的数量。"

北 美 橡 树

在美国，人们对橡树情有独钟。2001年4月，经过民众的网上投票，美国植树节基金会宣布橡树被选为美国国树。共有50万人在基金会的网站上投了票，橡树获得10万多张选票，亚军红杉（含巨杉）得票8万多张。包括狗木、枫树、松树等在内的前5名共获得67%的选票。该基金会说，橡树是一个很好的选择，因为它是美国分布最广的硬材阔叶树，共有白橡、黑橡、蓝橡、大果橡、常绿橡、大红橡、星毛橡等60多个品种，高度在10～40m，寿命可达数百年，各个品种都以冠盖如云而引人瞩目。从木材纹理来看，犹如美国的文化精髓一般，粗犷豪迈又不失自然浪漫。橡树是美国的巨大财富。在其众多特色中有一个很大的特点就是，它比绝大多数树种都更容易移栽成活，并且它对于周围城镇环境的适应力也是惊人的强大。橡树很久以前就是美国精神家园的象征了，就像《飘》的作者玛格丽特说的那样：橡树象征着一个阶层和一种生活方式，它代表了庄园精神中独有的那份高远幽静、典雅秀美，处处洋溢着家族情怀。

我国栎类引种始于19世纪中期，新中国成立前，栎类引种呈现为零星引种，多由外国传教士、商人和留学生等将栎树从欧洲和美洲引入国内作为城市绿化树种栽植，引种品种较少，有记载的仅有夏栎、沼生栎和欧洲栓皮栎3种，《中国树木志》记载的外来栎树仅夏栎和沼生栎2种。夏栎最早引进到新疆伊犁哈萨克自治州等地区，现分布于新疆南北各地及北京、青岛等地。位于伊犁哈萨克自治州霍城县惠远古城林公树园中的4株夏栎古树经全国绿化委员会审批列入首批国家级名木，树龄均在130年左右。位于迎宾路的伊犁宾馆（前身是苏联驻华领事馆）有3株三级夏栎（植于1893年），胸径0.8～1.0m，高近20m，树干雄伟，树冠浑厚，独具历史文化气息。1904年，德国人在青岛原汇泉村强征民地建植物试验场（现中山公园），从欧美引进大量外来树种，中山公园内现保留有沼生栎大树，高17m，胸径40cm，生长良好。国内南京中山植物园、辽宁熊岳树木园等也有零星引种栽培的沼生栎大树。

新中国成立后，我国开展了大量栎类引种工作。1956年从苏联黑海沿岸引入一批欧洲栓皮栎种子在各地试种，目前在湖北仍保留100多株。1997年，中国林业科学研究院从美国原产地引进10多个不同种源、家系的栎属树种，在北京、江苏、河南、河北等地进行试验，从此开启了我国栎类系统引种工作的时代。黄利斌等初步选择水栎和柳叶栎为优良速生用材观赏树种，南方红栎、猩红栎和北美红栎为优良秋叶观赏树种。张川红等也初步筛选出在我国生长较好的柳叶栎、北美红栎和红栎的种源和家系。为了尽快提供城乡绿化和沿海防护林建设所急需的优良植物材料，丰富长江三角洲地区的树种资源，在国家林业局948项目的资助下，中国林业科学研究院亚热带林业研究所的陈益泰老师开展了"耐水湿耐盐碱优良树种资源引进"研究（2000～2005年）。该项目的立项和实施对于长三角地区生态建设、环境美化和经济可持续发展具有重大意义。实施期间，项目组从美国东南部引进一大批耐水湿耐盐碱树种种质资源，在长江三角洲地区开展多点试种和广泛的试验研究，研究它们幼年生物学特性、生长表现、适应性和抗逆性、育苗造林技术和无性繁殖技术。根据多年多点引种试验结果，采用生长量、抗逆性、观赏价值等多指标的综合评价方法，从22个引进树种中筛选出适宜长三角沿海平原地区推广应用的优新绿化树种10种，其中有水栎、柳叶栎、娜塔栎、舒马栎、弗吉尼亚栎5个栎属品种。其中，舒马栎和弗吉尼亚栎是第一次引种我国获得成功的优良树种。南京林业大学也从北美引种了北方红栎、红栎、柳叶栎、南方红栎、北方大果栎、水栎、柱栎、黑栎、北美白栎、英国栎、娜塔栎和沼生栎等 12 个树种 38 个种源、家系。这些栎类的引进为我国栎类遗传资源保护奠定了基础。随着我国绿化苗木产业的快速发展，尤其是对彩叶树种的热衷，近年来一些专业的种苗企业，纷纷从国外大量引进栎树种子进行育苗，掀起了国外栎树等彩叶树种引种的高潮。我国城市绿地中应用较多的引进栎树主要有秋季叶色变化较明显的娜塔栎、北美红栎和柳叶栎等，这些栎属树种大多树干挺拔，冠幅较大，孤植或是片植，观赏效果都非常好，对促进国外优良栎树在我国城市绿化建设中的应用起到了积极作用。

1.2　北美橡树起源与分布

栎属起源于三棱栎。栎属起源以后分化出青冈亚属和栎亚属，前者限于东亚、东南亚分布，后者广布于北温带。栎亚属形成以后，分化出高山栎组和巴东栎组两个原始类群，并通过巴东栎——橿子栎，再从过渡类型的僵子栎组再演化出两个相对进化的落叶类群的组：麻栎组和槲栎组。北美的栎类有两个来源：一是通过高山栎、冬青栎演化而来；二是源于欧亚的落叶栎类。

中南半岛植物区是栎属的现代分布中心，也是栎属的起源地，其范围为从我国境内的云南南部和东南部、广东、广西南部、海南和台湾大部，到缅甸、泰国、越南、老挝和柬埔寨。北美和欧洲也是重要的栎属现代分布区之一。这两大洲在地史上也有丰富的栎属化石记录。最早的栎属叶化石是全缘的，有锯齿的类群出现较晚，而叶片深裂的化石最晚出现。同样叶形的化石种类，在欧洲出现的时间明显早于在北美出现的时间。而最早的可靠栎属大化石是产于北美内华达始新世早期地层中的叶部印痕，以及俄勒冈始新世中期地层中的叶和木材化石。北美在始新世以后的各地史时期均有丰富的栎属化石。其中最有代表性的是产于美国得克萨斯州亨茨维尔（Huatsville 36°35'W，33°44'N）的 *Q. oligocensis*、*Q. cataheoalaensis* 和 *Q. huntsvillensis*。前两者是雄花序，原位花粉和叶化石，可以归入 Sect. *Erythrobalanus*（senus A. Camus）或者 Subgen. *Erythrobalanus*（senus Trelease）；后者可归入 Sect. *Lepidobalanus*（senus A. Camus）或者是 Subgen. *Lepidobalanus*（senus Trelease）。这表明早在渐新世北美的栎属就已经有了较大的分化。北美的栎属化石非常丰富且分布广泛，自渐新世便是北美植物区系中的优势分子。而且这些化石的分布都没有远离它们对应现代种的分布范围。

目前世界上栎属树种有 500～600 种，主要分布在北半球。栎属植物水平分布于北半球的亚洲、欧洲、北美洲和非洲北部广大地区，其南界在 16°N 的缅甸、泰国和中南半岛北部，北界在 62°N 的北欧斯堪的纳维亚半岛，南北跨越约 46 个纬度，东西跨越约 75 个经度。其中约有 80% 的种类分布于 35°N 以内，仅 2% 左右可达 50°N 以上。栎树的垂直分布一般不超过海拔 3000m，但高山栎组可分布至 1700～4600m。北美洲等美洲地区有 200～250 种栎树，在美国分布的 60 多个栎属种或变种是美国各类林型中重要的组成和商业价值最高的阔叶用材树种，其中有 40 个种分布于东部地区（经度 100°以

北　美　橡　树

东），30 种分布西部地区，仅清扩平栎（*Q. muehlenbergii*）和大果栎（*Q. macrocarpa*）2 种属于东西部共有的分布种。欧洲、亚洲和北非洲有 300 多种栎树。欧洲有栎树 27 种，其中无梗花栎（*Q. petraea*）和夏栎（英国栎 *Q. robur*）是地中海以北欧洲地区最重要的森林树种之一。我国有 51 种，14 变种，1 变型；引入栽培历史较长的有 3 种。分布于全国各省区，多为组成森林的重要树种。

1.3　北美橡树的形态学特性

栎树在植物学分类上是属于被子植物门，双子叶植物纲，壳斗科，栎属。常绿或落叶乔木，稀灌木。冬芽具数枚芽鳞，覆瓦状排列。单叶互生；托叶常早落。叶深裂，或叶缘有锯齿，少有全缘。花单性，雌雄同株；雌花序为下垂柔荑花序，花单朵散生或数朵簇生于花序轴下；花被杯形，4～7 裂或更多；雄蕊与花被裂片同数或较少，花丝细长，花药 2 室，纵裂，退化雌蕊细小；雌花单生，簇生或排成穗状，单生于总苞内，花被5～6 深裂，有时具细小退化雄蕊，子房 3 室，稀 2 或 4 室，每室有 2 胚珠；花柱与子房室同数，柱头侧生带状或顶生头状。壳斗（总苞）包着坚果一部分，稀全包坚果。壳斗外壁的小苞片鳞形、线形、钻形，覆瓦状排列，紧贴或开展。每壳斗内有 1 个坚果。坚果当年或翌年成熟，坚果顶端有突起柱座，底部有圆形果脐，不育胚珠位于种皮的基部，种子萌发时子叶不出土，染色体 $2n=24$。

本属名称首先由林奈提出，1867 年 Oersted 将该属中的青冈类植物独立成青冈属 *Cyclobalanopsis* Oerst.，Schottky 也采纳这一见解。至今对栎属中青冈类独立成属的问题仍存在争议。A. Camus 将栎属分为两个亚属，栎亚属 Subgen. *Quercus* 和青冈亚属 Subgen. *Cyclobalanopsis*，也有学者主张将原来的栎属分为 3 个亚属，即青冈亚属 Subgen. *Cyclobalanopsis*、红橡亚属 Subgen. *Erythrobalanus* 和白橡亚属 Subgen. *Lepidobalanus*。Shimaji 根据木材解剖等特征，支持这种分类法，但对个别种类做了调整。有学者认为青冈栎是红栎和白栎的杂交种。Eppersonc（1992）将栎属分成 4 个组：青冈栎组（Sect. *Cyelobanopis*）、红栎组（Sect. *Erythrobalanus*）、白栎组（Sect. *Lepidobalanus*）和中间栎组（Sect. *Protobalanus*）。《中国植物志》和《中国树木志》将青冈独立成属，其余均归本属。

北美橡树往往被分成两个主要的群体：红栎组和白栎组。红栎组和白栎组包括落叶和常绿栎类，中间栎组多为常绿栎类。很多人错误地认为"红橡就是红色的橡木，白橡就是白色的橡木"，其实不然，红橡之所以被人们称为红橡，那是因为它的树叶在秋天会变成红色。日常所说的白橡或红橡都是对多种橡木种类的一个统称。白橡并不是指某一种特定树种的橡木，红橡也并不是指某一种特定树种的橡木，虽然确实是有一种称为 *Quercus alba* 的树种直译过来就是白橡，也有一种称为 *Quercus rubra* 的树种直译过来就是红橡。所有北美橡树都有互生叶。嫩枝顶端通常有丛生的萌芽。两个性别的花由同一株树携带，花 4 月开放，有雄性花蕊的花有点儿像引人瞩目的垂饰展现，丛生在嫩枝的末端。

红栎组：叶长 12.70～20.32cm，叶缘 7～11 裂。每个裂通常有 3 个锯齿、锋利的尖，那些尖的裂片通常有短硬毛或刺镶齿。新叶绿色或栗红色，夏季叶片绿色有光泽，叶子是每年落叶的，秋季叶色逐渐变为粉红色、亮红色或红褐色，全日照条件下叶色更加鲜艳红亮。嫩枝绿色或红棕色，第 2 年转变为灰色。橡子一般长 2.54cm，底部有浅的壳斗。红栎的橡子需要 2 年成熟，通常是苦的，其外壳的内部多毛。栎树能长到 1.52～2.03m 高，1m 或更大的直径。红栎树形高大，树干笔直，树冠圆而庞大，经常被作为观赏植物和遮阳树种植，也是非常美观的行道树。红橡主要品种包括：北美红栎、速生红栎、沼生栎、娜塔栎、柳叶栎、猩红栎等，每个品种在叶片形状、树形、树干、树冠、适应性等方面都有区别。红橡在美国东部各地区广泛分布，是美国东部阔叶林树种中品种数目最多的树木。红橡树的数目比白橡树更多。

白栎组：叶长 12.70～22.86cm，有 7～9 个圆形的裂片，分离裂的弯道深度不同，有些几乎到达了叶脉。叶片倒卵形至椭圆状倒卵形，先端短钝尖，基部楔形。小枝密被灰褐色绒毛。叶子是每年落叶的。橡子大约长 1.91cm，椭圆形或卵状椭圆形，淡栗棕色，大约 1/4 的长度被封在一个碗状的披着粗糙鳞片的壳斗里，这些鳞片卵状披针形。白栎的橡子当年 10 月成熟，不苦，其外壳的内部无毛。树能长到 24.38～30.48m 高，树干直径能长到 0.91～1.22cm，有时呈灌木状。

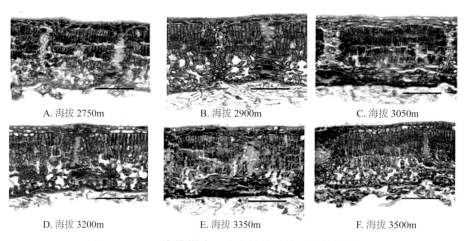

A. 海拔 2750m   B. 海拔 2900m   C. 海拔 3050m

D. 海拔 3200m   E. 海拔 3350m   F. 海拔 3500m

图 1.4　不同海拔梯度下高山栎的叶片显微结构特征

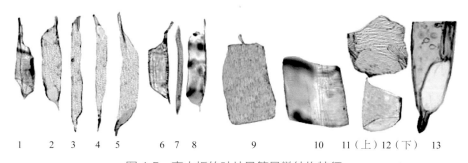

1　2　3　4　5　6 7 8　9　10　11（上）12（下）13

图 1.5　高山栎的叶片导管显微结构特征

1～8. 两端具尾导管；9、10. 两端无尾导管类型；11～12. 一端具尾导管；13. 单穿孔

北 美 橡 树

红橡和白橡除了木材上的区别，橡子的区别，最简单的区别方法是看叶子：红橡叶子边缘是尖的，而白橡叶子的边缘是圆的，只要比较叶子的形状就可以区别红橡和白橡，红橡组与白橡组的重要种质资源见表 1.1。

表 1.1 红橡组与白橡组的种质资源

红橡组（Red Oak Group）	白橡组（White Oak Group）
北方红栎（*Quercus rubra*）	北美白栎（*Quercus alba*）
黑栎（*Quercus velutina*）	大果栎（*Quercus macrocarpa*）
加州黑栎（*Quercus kelloggii*）	篮栎（*Quercus prinus*）
沼生月桂叶栎（*Quercus laurifolia*）	夏栎（*Quercus robur*）
针栎（*Quercus palustris*）	琴叶栎（*Quercus lyrata*）
猩红栎（*Quercus coccinea*）	柱杆栎（*Quercus stellata*）
南方红栎（*Quercus falcata*）	无梗花栎（*Quercus petraea*）
水栎（*Quercus nigra*）	沼生栗栎（*Quercus michauxii*）
柳栎（*Quercus phellos*）	沼生白栎（*Quercus bicolor*）
舒马栎（*Quercus shumardii*）	俄勒冈白栎（*Quercus garryana*）
黑皮栎（*Quercus marilandica*）	清扩平栎（*Quercus muehlenbergii*）

1.4 北美栎树的生物学和生态学特性

栎树初期生长较慢，开花结实迟，一般 15～20 年开始开花结果，花单性，雌雄同株，春季开花，借风力传粉授精，在同一地区内有杂交种。栎树的果实橡子特别容易为人所识别，是一种坚果。果实为一杯状外壳所保护，被称为壳斗。北美白栎组坚果当年成熟，果实一般没有苦味，红栎组的大多数和中间栎组坚果需 2 年成熟，果实一般有苦味。栎类种子大小年现象明显，果实的丰年一般 3～5 年出现 1 次。Elena 等（1993）通过对欧洲栓皮栎天然群体连续 3 年的花期、授粉期进行观测研究，发现欧洲栓皮栎（*Q. suber*）种群中存在两种不同的果实成熟周期，即既有 1 年型（与白栎组相同）植株，又有 2 年型（与红栎组相同）植株。栎树为异花授粉植物，Yacine 等（1997）对 14 株圣栎（*Q. ilex*）进行人工授粉，证明了自花授粉后花粉管生长很慢，几乎不能形成种子。Dow（1998）对美国伊利诺伊大果栎的果实和幼树花粉供体进行鉴定认为，栎树授粉来自林分内各个方向及 200m 远的多花粉供体。但 Cecich 等（1992）认为栎属是可以自花授粉的。

栎树主要以种子繁殖。栎树苗期地上部分生长较缓慢，主要是根系发育，北美白栎（*Q. alba*）在发芽后春季第 1 个生长季的苗高仅 7.6～10.2cm，而主根粗度达 0.6～1.3cm，长度超过 30.5cm，栓皮栎 1 年生苗主根长可达 1m 以上。多数栎树季节生长呈现间断性，即在生长季内顶芽生长有明显的停滞期。Reich 等（1980）研究认为，北方红栎（*Q. rubra*）地上与地下部分交替生长，地上生长停滞期是地下根系速生期，其还认为生长季内的抽梢次数与遗传、湿度、温度、光照及肥培管理等因素有关。

栎树具有很强的萌芽能力，对栎林的更新具有重要作用，在美国90%的北方红栎林为萌芽林。栎树萌芽能力的强弱与树龄及伐桩直径呈负相关。萌芽林早期生长较快，3年生麻栎萌芽林的生物量是同龄实生林的2～3倍。但萌芽林衰老也较早，蒙古栎萌芽林的直径达28cm时，树高生长已近停止，而实生林木的直径达35cm时，才出现树高缓慢生长的现象。

栎树喜光、深根性，对土壤条件要求不严，能在干旱瘠薄的山地生长，但以深厚肥沃、湿润、排水良好的中性至微酸性土壤为最适宜，部分适应碱性土壤。生长速度中等，在潮湿、排水良好的土壤上每年长高60cm。栎树抗逆性强，耐干燥、高温和水湿，抗霜冻和城市环境污染，抗风性强。一般生长在海拔500～1500m的阳坡山麓、山沟，丘陵地带也很适合它们生长。栎树常与其他阔叶树组成混交林，有时成小片纯林，不同生境下常表现出明显的差异，如蒙古栎阴生阳生生境下的叶片显微结构即表现出显著差异，具体差异见图1.6，这些差异是橡树专业种植户需要关注的焦点，哪些差异可以为橡树的生长动态及芯材形成产生积极的效应是栽培研究者需要大力研究的方向。

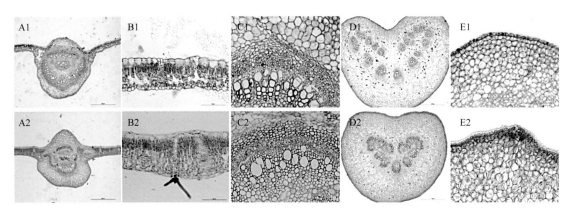

图1.6　阴生阳生生境下蒙古栎的叶片显微结构特征

A1. 阴生叶片横切整体结构（4×）；A2. 阳生叶片横切整体结构（4×）；B1. 阴生叶片栅栏组织（20×）；B2. 阳生叶片栅栏组织及表皮毛（20×）；C1. 阴生叶主脉维管束（20×）；C2. 阳生叶主脉维管束（20×）；D1. 阴生叶柄横切整体结构（4×）；D2. 阳生叶柄横切整体结构（4×）；E1. 阴生叶柄表皮细胞（20×）；E2. 阳生叶柄表皮细胞（20×）

栎属对温度的适应范围很广，从热带到寒温带都有分布。一般落叶栎类的抗寒性较强，蒙古栎能适应俄罗斯东西伯利亚−60～−50℃的低温。但一些常绿栎类的抗寒性较弱，圣栎在−8℃低温冷冻3d，其根组织全部遭到破坏，皮层细胞脱水分离。

栎树具有很强的抗旱性和抗林火能力，是荒山瘠地造林的重要先锋树种，Seidel等（1972）研究了干旱胁迫下北方红栎苗木体内的水分平衡，认为北方红栎苗木的抗旱性低于北美白栎。

分布于美国东南部平原的一些栎类具有较强的耐水性。Stanturf等（2004）将美国密西西比河地区树种的耐涝性划分为极耐水、较耐水、中等耐水、较不耐水和极不耐水5级，栎类中琴叶栎（*Q. lyrata*）列为较耐水级，水栎（*Q. nigra*）、娜塔栎（*Q. nuttallii*）、柳栎（*Q. phellos*）和针栎（*Q. palustris*）为中等耐水级，弗吉尼亚栎

北　美　橡　树

（*Q. virginiana*）等 5 种栎树为较不耐水级，北美白栎为极不耐水级。Francis 等（1983）对娜塔栎 15 年的观测发现，在林地每年冬季淹水 3～6 个月（10 月中旬至翌年 2 月中旬，有时至 6 月）的情况下，林分仅有 11% 的植株被淹死，虽然淹水林分种子产量只有对照的一半，但高、径生长与对照没有差异。黑栎（*Q. velutina*）在受淹水 8d 和 32d 时，光合速率分别下降为对照的 50% 和 23%，而北美白栎受淹水 4d 和 16d 时，光合速率分别只有对照的 25% 和 5%。一些栎类还有一定的耐盐碱性，Mcleod 等（1991）对 4 种栎树 1 年生苗进行模拟海水浇灌盆栽试验，结果表明，娜塔栎、水栎和琴叶栎对淹水有中等耐性，并可耐 2‰ 的盐碱。Alaoui 等（1998）将夏栎苗在 40mmol/L NaCl 培养液中试验，其次生枝能保持生长，但实生苗根系和初生枝的长度、质量明显下降。

1.5 北美橡树的经济和观赏价值

栎树具有很高的经济价值，除树干和果实外，树皮、树叶、树枝、树根、果壳都可派上大用场。

1. 木材

栎木质地坚硬，材质重，纹理美观；耐腐蚀、强度大、抗冲击（图 1.7），可用于船舶、家具、建筑、车辆、矿柱、枕木、地板、农具、工具柄把、手工艺品和文体用品等。采伐

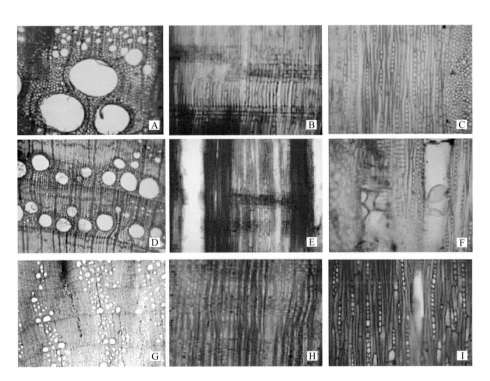

图 1.7 蒙古栎树干、树枝、树根的显微结构特征

A. 树干横切面（4×）；B. 树干径切面（20×）；C. 树干弦切面（20×）；D. 树枝横切面（4×）；E. 树枝径切面（20×）；

F. 树枝弦切面（20×）；G. 根横切面（4×）；H. 根径切面（20×）；I. 根弦切面（40×）。

剩余的枝梢、树桠及锯屑，均可用来培养食用菌、天麻和灵芝等。栎木纤维排列紧密、含碳量高，是烧制木炭的好原料；烧出的栎木炭经久耐烧，火力旺盛，深受人们的青睐。

2．果实

栎果去掉单宁后的淀粉，可加工成豆腐、面粉、粉丝等食品；还可作为制作葡萄糖的原料。利用果仁酿造白酒，出酒率一般可达25%～40%。酒糟可用来喂猪。

果仁亦可用于制造工业酒精，是生产生物质能源燃料乙醇最理想的原料。富含淀粉的果仁还是生产饲料的好原料，可用于家禽、家畜的饲养。另外，果仁脱涩处理的浸泡液含有单宁，经浓缩即成栲胶，鞣革性能好，质量高。

3．栓皮

栓皮产自栓皮栎，它具有密度小、浮力大、弹性好、不透水、不透气、绝热、隔音、耐压、耐磨及耐酸碱，不与化学药品起反应等优良特性，用途十分广泛。利用栓皮加工成的软木砖、隔音板既可作航海用的救生衣，又可作浮标；栓皮还广泛用作军用火药仓库、冷藏库、广播室、电影院的隔音、隔热材料及化学工业的保温材料。利用栓皮制造的软木塞、软木管、软木纸等在工业及人们日常生活中广为使用。此外，将栓皮粉调入油漆，喷涂船舶、锅炉、仓库墙壁等，可以起防湿保温的作用。所有栎树的皮均含单宁，可提取栲胶，是皮革和印刷工业必需的材料。树皮也可用于培养食用菌等。

4．果壳

栎果的壳可制作活性炭，每50kg果实可脱壳12.5kg，制得活性炭1.5～2.0kg。果壳含单宁9%左右，可提取栲胶和黑色染料。

5．树叶

栎叶中的蛋白质含量极其丰富，均能达到和超过一般粮食作物的含量，约含20%；叶中还含有18种氨基酸和各种微量元素。因此，可以用栎叶生产饲料或饲料添加剂。另外，嫩栎叶也是喂养柞蚕的好食料。栎叶中含单宁约12%，可用于提取栲胶。

图1.8　橡树果实

图1.9　黑栎 *Quercus velutina* 树皮

图1.10　不同橡树叶片、果实形态特征差异

北 美 橡 树

6. 树形

橡树木质优良、花纹精美，树势雄伟，秋色缤纷，在国外的栽培和应用都十分广泛。许多国家在绿化公园和城区时，都把栎树作为主要观赏树木来种植。美国著名城镇橡树岭（美国橡树岭原子能研究中心）即以遍布橡树而得名。在1936年德国举办的第11届夏季国际奥林匹克运动会上，东道主将培植在营养钵中的幼栎树苗作为奖品的一部分颁发给每一位获得冠军的运动员。美国著名黑人运动员吉西·欧文斯，在这届奥运会上一举获得4枚金牌，同时也获得了4株栎树苗。如今，这些幼苗已分别在欧文斯生活过的中学和大学长成了参天大树。栎树在欧洲、北美、日本等早已广泛用于城市绿化和造林，在美国被视为国树。

栎树在风景园林配置上极具观赏价值，英国把夏栎（*Quercus robur*）视作田园风景的代表树种，被喻为世界著名的四大观赏乔木之一。栎树在世界森林植被的恢复和园林景观的建设中占有重要的位置。在中国，近年来随着城市绿化品质的提升，人们开始重视栎属植物在园林中的应用价值，一些国外新引进树种开始逐步在城市绿地中出现，使栎属植物在城市绿地中的应用越来越丰富。这依赖于近十几年来国家林业局立项的几个关于引进栎属树种种质资源及其培育技术的科研项目，与此同时引进了一些国外先进农业的科学技术，并取得了一系列成果，例如，引种后选择了匹配我国生态环境的栎树种质资源基因库。大量有关北美栎树的引种驯化在有些城市初见成效，它们在丰富园林景观和城市生物多样性等方面发挥了重要的作用。

尤其是北美红栎冠幅大、干性好、树冠匀称、枝叶稠密、叶子形状美丽、季相鲜明，秋季叶片色彩斑斓，具有很高的观赏价值，被广泛地栽植在草地、公园、高尔夫球场等地用作遮阴树，在街道的两侧用作为行道树，是当前国内前景广阔的优良彩叶树种。它适合种植为以下观赏树。

（1）庭荫树

庭荫树主要功能是在夏季为人们提供一个遮蔽阳光的室外休憩场所，庭荫树一般要求枝繁叶茂、绿荫如盖，且多为落叶阔叶树种。树干通直、高耸雄伟的麻栎，树姿挺拔，绿荫浓密，是符合庭荫树要求的优良树种；北美白栎枝叶繁茂，树形优美；枝叶茂密的栓皮栎，树枝广展，冠大荫浓，秋叶红艳，俏丽可人；还有株形优美的槲栎，不仅冠似华盖，夏绿荫浓，而且叶形优美，其叶片入秋转为红色或黄色，令人赏心悦目。

（2）园景树

栎属植物大多树种树体高大，树形优美，具有较好的观赏效果，因此在园林造景中可作为骨架树种，在节点处形成主要景观。例如，在坡地、驳岸边、建筑物前后等处，都能起到很好的

图 1.11　橡树庭荫树

景观效果。另外，栎属植物也可孤植、丛植或群植在草坪空间，通过展示该属植物的个体美或者群体美，使其能够在最佳观赏季节成为视觉焦点。

秋色景观是园林中重要的季相性景观，由于栎属的很多植物在秋季具有迷人的色彩，因此在许多大型公园或者风景区内，有大面积种植娜塔栎、北美红栎等栎属植物，形成璀璨夺目的景观。

图 1.12　橡树行道树

（3）行道树

行道树树种的选择是我国城市绿化的一个重要问题，目前我国大部分城市，尤其是一些二、三线城市，行道树树种不丰富，普遍存在着树种单一、道路绿化特点不明显、城市特色不突出的问题。北美红栎树体高大，树干挺拔，春夏季节枝繁叶茂，绿荫如盖，到了秋季，叶片变成了迷人的红色，其他如柳叶栎、麻栎、北美白栎等，树形端正，主干挺直，秋季其叶片季相变化明显，这些都可以作为行道树树种选用。

（4）作为专类植物展示

近年来，特别是改革开放以来，随着我国园林事业的蓬勃发展，植物造景已经成为园林建设的主流，植物园专类园获得新的飞跃，植物园以外独立性质的专类园造景形式在城市园林和风景区中也已非常普遍，出现了规模大小不等的大量专类园。

（5）栎树可作为生态林造林

栎树不仅是优良的城市观赏树种，还是很好的生态树种。栎树是野生的树种，有很好的耐旱、耐水湿、耐寒、耐高温、耐瘠薄、抗病虫害性能，因此，栎树可用于多种土地的恢复，也是荒山、贫瘠立地造林的首选树种。栎树具有发达的根系，能有效地防止水土流失；其叶子生物量大，落地以后，可以很快形成厚厚的落叶层，对于保护水土、改良土壤有十分重要的作用；栎树有的树干外有厚厚的一层木栓组织，如栓皮栎，不易燃烧，即使大火过后，也能发叶生长，可用作生物防火隔离带树种，橡树与针叶树种混交，可以大大提高其防火性能；栎树主根深，侧根长，树体稳当，又用作防风林树种。

综上所述，栎树是一兼具经济、生态、休憩及人文多种综合效益的树种。在城市大面积种植栎树会形成生态单一、生物多样性差的后果。有一个问题便是，人们种了树，最终是要用的，也就是说，要把树木的种植和木材的利用很好地结合起来。现在，我国城市绿化很少有人想到日后的木材利用问题。河南和河北种了那么多悬铃木（法桐），将来法桐的木材做什么用，没有人能回答这个问题。确实，法桐的木材无大用益，就是烧火都不好使。此外，近来有报道，法桐"球果飞絮"对人们的健康有较大的危害，会造成呼吸道感染和皮肤过敏。有鉴于此，法桐真的不应该再种了。那么，我们的城市观赏树、绿化树应当选择什么树种呢？从景观、生态、经济等多个角度考虑，很多城市可

北 美 橡 树

以选择橡树。但是，由于种种原因，我国几乎没有一个城市将橡树作为城市观赏树。橡树的叶片宽大，叶面有光泽，青翠欲滴，到了秋季，叶子还会变红，观赏效果十分突出。橡树的树形高大，有很好的防风防沙功能。橡树的枝叶开展，有很好的遮阳庇荫效果。橡树可以结子，橡子是很多小动物和鸟类的食物。在城市里栽植橡树，可以使城市森林的生物多样性丰富起来，由此能够造就一个生机勃勃、鸟语花香的城市森林环境。城市绿化的目的，不是把树种上就行了，让城市绿起来就行了。城市绿化的根本目的是造就一个城市森林生态系统。现在，城市绿化树种的选择，往往只考虑了树木本身，但其实应当更多地考虑一下鸟和小动物，没有了它们，我们的林子就是"死林子"。

目前，我国每年都要花费大量的外汇从欧美各国进口橡木，我国城市绿地所占城市地域面积的比例至少可达 30%。如果把城市绿地与橡木资源储备相结合的文章做足做好，积极培育橡木资源，若干年后，不仅完全可以不再从国外进口橡木，而且可以把我们培育的橡木卖到国外去。

但城市绿化是百年大计，需要沉下心来，一步一个脚印，一代一代地做下去。30 多年前，在广东大种桉树的情势下，肇庆市领导决定在市内一条街上全部种上"黄花梨"，也就是降香黄檀。当年做出这一决定是不容易的，因为谁都知道，桉树比降香黄檀长得快，要在任期内让城市绿起来，就不能种降香黄檀，但他们还是种了。如今这些当年的小苗已经变成了大树，不仅成为了这座城市一道靓丽的景观，而且也为国家创造了一笔巨额的财富。现在，这条街上的降香黄檀自然而然地成为了那一届领导的功德碑。其实，对于橡树，我们的先辈就有过非常明智的认识。道光年间，任贵州大定府知府的黄宅中在《种橡养蚕赋》中说道："橡，《尔雅》谓之栎。山东、关中谓之槲。贵州谓之青槲。其木可薪炭，其子可饲猪，其斗可染皂，其叶可养蚕。"为了种植橡树，黄宅中甚至发出告示，对多种橡树者给以奖励。他在告示中这样说道：青槲树，放蚕之利，遵义人行之有效，大定连界亦可仿行。本府前经出示劝栽，且有轻罪拘押之人，其家种树多株者，即予开释。近闻义渐里土目安国泰栽种橡树数万余株，赏给银牌以示奖励（黄宅中《（道光）大定府志》）。黄宅中在任期内大种橡树，成就斐然，这的确是"为官一任、造福一方"了。大定府即今贵州毕节地区，当时竟有人种橡树数万余株，这样的成绩在今日也是值得夸耀的。城市的绿化和观赏树，需要有像橡树这样的长寿树。在欧美一些国家和地区，数百年、上千年的古橡树是一座城市的金字招牌。一个城市、一座宏伟的建筑物，没有像样的古树、大树，就没有根基，没有文化。

第二章　橡木文化及其资源利用

2.1　橡木文化

　　橡木是神圣之树！从橡木诞生的那天起，就已经注定与人们结下了不解之缘。无论在丛林之中，还是在悬崖边，它的那种超群脱俗让天地间无不膜拜，它的雅量高致又有谁能不对它敬仰呢。也许是上天特意安排，橡木与人们签下了永恒的契约，从此鱼水之情绵延至今。也就是从那时起，人们从此迷恋上了橡木那种原始而又透露着尊贵气息的从容感，于是，多少舞步在橡木树上优雅地划过，多少裙纱自橡木边上轻轻掠过，又有多少历史从橡木身边缓缓消逝。

图 2.1　古老的橡树林

2.1.1　橡树·尊贵的象征

如果说浑厚、庄重的红木是中国古代宫廷御用的顶级材种之一，那么在欧洲皇室中，备受推崇的就非橡木莫属。

以橡木制成各种宫廷用品，在欧洲各国历来都是传统，大到中世纪的帝王宝座、皇室车马、宫廷家具、宫殿地板，小到殿堂雕刻、陈酿葡萄酒的橡木桶等，随处可见橡木的踪影。例如，著名的法国凡尔赛宫和卢浮宫地上铺的都是橡木地板，而且铺装极尽奢华，有方形拼花形，多变人字形等，为法国历代帝王所沿用。与此相仿，英国的汉普顿宫虽经历亨利七世、伊丽莎白、安妮等诸位君主，但橡木素来都是打造宫廷用品的绝对主角。

橡树作为自然界中最高大的树种之一，树干高达 30 余米，冠幅达 18～22.5m，茁壮雄伟，远远望去，好似地平线上的参天巨擘，仪态庄严，气势磅礴。在西方文化中，橡树是伟岸、权贵和被瞻仰的象征。

更为重要的是干旱、高寒的生长环境，其最长可达 1000 年以上的树龄，练就了橡木特别厚重、致密、坚硬的"钻石"级材质，使其从众多材种中脱颖而出，成为皇家马车车辕，甚至是路易十四海军舰艇的指定用材。

当然不得不提的还有橡木俊朗大气、曲直有度的纹理，以及由浅灰褐色至红棕色无不囊括的丰富色调。橡木的粗犷毛孔与细致纹理清晰异常。即使涂上咖啡褐、灰色等深色漆，也丝毫毕现，这是很多材料无可比拟的。很多橡木家具甚至保留原色，因为任何"粉饰"都是对橡木天然、本色光芒的一种掩盖。

正因为橡木与生俱来的尊贵气质，其备受欧洲皇室钟爱，而得到欧洲皇室恩宠，在欧洲宫廷内千百年来不断沿用的橡木，也因此犹显尊贵。

2.1.2　橡树·不屈的精神

"与其做一颗草坪里的小草，还不如成为一株耸立于土丘上的橡树，因为小草千篇一律，毫无个性，而橡树则高大挺拔，昂首苍穹。"4 年级的比尔·盖茨对他的同学卡尔爱德说道，他坚持写日记，随时记下自己的想法，小小的年纪常常如大人般深思熟虑。

北 美 橡 树

他很早就感悟到人的生命来之不易，我们要十分珍惜来到人世的宝贵机会。他在日记里这样写道："人生是一次盛大的赴约，对于一个人来说，一生中最重要的事情莫过于信守由人类积累起来的理智所提出的至高无上的诺言……"那么"诺言"是什么呢？就是要干一番惊天动地的大事。

他在另一篇日记里又写道："也许，人的生命是一场正在焚烧的'火灾'，一个人所能做的，就是竭尽全力从这场'火灾'中去抢救点什么东西出来。"这种"追赶生命"的意识，在同龄的孩子中是极少有的。

盖茨所想的"诺言"也好，追赶生命中要抢救的"东西"也好，表现在盖茨的日常行动中，就是学校的任何功课和老师布置的作业，无论是演奏乐器，还是写作文，或者体育竞赛，他都会全心全意花上所有时间去最出色地完成。

有一次暑假童子军的80km徒步行军，时间是一个星期，他穿了一双崭新的高筒靴，显然新鞋不大合脚，每天13km徒步行军，又是爬山，又是穿越森林，使他吃尽了苦头。第一天晚上，他的脚后跟磨破了皮，脚趾上起了许多水泡。他咬紧牙关，坚持走下去。第2天晚上，他的脚红肿得非常厉害，开裂的皮肤还渗出了血。同伴都劝他停止前进，他却摇摇头，只是向随队医生要点药棉和纱布包扎一下，又要了些止痛片服用，继续上路了。就这样他一直坚持到一个中途检查站，当队伍发现他的脚发炎严重，下令医治时，才中止了这次行军。盖茨的母亲从西雅图赶来，看到他双脚溃烂的样子时，难过地哭了，直埋怨儿子为什么不早点停止行军。盖茨却淡淡地说："可惜我这次没有到达目的地。"

正是这种不屈的精神和一颗顽强的心成就了比尔·盖茨——做橡树不做摇曳的小草。

坚韧的橡树教会了盖茨不屈，成就了他的梦想。同样的，橡树吃苦忍耐的品德被英国人认为是他们民族的优良传统。

橡树忍受着其他很多树都难以忍受的伤害和干扰。即使身体的很多部分已经干枯腐朽，但它较年轻的伞盖部分仍然每年都会奇迹般的枝叶繁茂，展现自己依然延续的旺盛生命力，就像一位意志坚强的老人。

在西欧，自古以来，橡树叶就象征荣耀、力量和不屈不挠的精神，尤其是在特别重视内涵而非外在美丽的中世纪，常使用植物来象征意义，如竞赛都会使用橡树、白蜡树、菩提树和冬青树叶等植物素材。

用橡树来代表荣耀、力量和不屈不挠的精神，这种理念一直影响到后来各国的国徽设计（图 2.3）。

法兰西共和国

The Republic of France

法国没有正式的国徽，但传统上采用大革命时期的纹章作为国家的标志，纹章为椭圆形，上绘有大革命时期流行的标志之一束棒，这是古罗马高级执法官用的权标，是权威的象征。束棒两侧饰有橄榄枝和橡树枝叶，其间缠绕的饰带上用法文写着"自由、平等、博爱"。整个图案带有古罗马军团勋章的绶带环饰

意大利共和国

The Republic of Italy

中心图案是一个带红边的五角星，象征意大利共和国；五角星背后是一个大齿轮，象征劳动者；齿轮周围由橄榄枝和橡树叶环绕，象征和平与强盛。底部的红色绶带上用意大利文写着"意大利共和国"

爱沙尼亚共和国

The Republic of Estona

第 1 头狮子象征奋斗的勇气；第 2 头狮子象征 1343 年的一次起义；第 3 头狮子象征 1918～1920 年争取自由的斗争；橡树叶装饰象征坚韧不拔的精神和力量，以及自由的传统万古长青

拉脱维亚共和国

The Republic of Latvia

红狮象征库兹纳姆公国；鹰头狮身象征韦德季姆公国；3 颗金星象征由历史上的这 3 个公国组成的统一国家；底部的橡树枝象征和平、自由

圣马力诺共和国

The Republic of San Marino

橡树和月桂树枝环绕的纹徽中，3 座塔象征蒂塔诺山峰上的 3 座城堡；塔上的鸵鸟羽毛象征亚平宁半岛；塔的山峰象征建在山上的小国；顶部一顶镶有珠宝的公爵王冠象征曾是意大利马尔比诺公爵的保护地；底部饰带上的文字为"自由"

保加利亚共和国

The Republic ofBulgaria

雄狮象征着主权，表现了 1876 年反抗奥斯曼土耳其人的斗争。盾徽上是类似 14 世纪第二保加利亚王国君主的王冠；底部是橡树叶装饰；饰带上的文字为"团结就是力量"

图 2.3　橡树的国徽

北 美 橡 树

2.1.3　橡树·爱情的见证

是爱情优美了风景，还是橡树诱惑了爱情？

提起橡树，就不能不浮现美国文学巨著《飘》中让人印象深刻的十二橡树庄园，她象征着北美经典的庄园生活，是作者玛格丽特更是无数美国人心目中的理想家园。正如《飘》中所述：十二橡树庄园"豪华而骄傲。代表着一个阶层和一种生活方式"。

图 2.4　橡树·百年好合

《飘》里的十二橡树庄园，令高傲的塔拉庄园公主郝思嘉分外着迷，觉得它"美丽得像希腊神殿般"。那里住着她的梦中情人阿西扎。后来，在蛮荒的战乱和饥饿中，郝思嘉返回熟悉的土地，荒芜的田野里只有一株老橡树昂着它高贵的头，迎风挺立。最后，她明白了她的真爱是白瑞德而放弃了阿西扎。或许，当初，只是十二橡树庄园那特有的贵族气息诱惑了爱情，只有永远优雅、尊贵的橡树，是她始终不变的精神家园。

除却处处洋溢着一种堂皇的美、一种柔和的庄严，十二橡树庄园更拥有那份美国南方乡村独有的高远幽静、典雅秀美，于是它成为上至名族淑媛，下至寻常百姓内心都一直追寻和希冀的伊甸园。

虽然残酷的美国南北战争和随之而来的现实生活毁坏了这一切，可是真正的十二橡树庄园从来不曾远去，因为她不仅在女主人公郝思嘉心里，也深埋在我们每个人的心里。在人们的脑海中，十二橡树早已成为了美好、浪漫的代名词。

十二橡树庄园，这一充满历史情趣，传承永恒贵族气质的心灵原乡，如郁郁田园间一缕微风拂过，《飘》流传至今，随岁月而愈加经典，而在其间不断出现的那些美丽橡树也渐入人心，成为另一种经典。

2.1.4　橡树·美酒的伴侣

陪伴着葡萄酒完成生命中美丽而深刻的转变，从张扬、生涩到圆润、丰满与成熟，这并不是每一种木材都能具有的包容与胸怀。而她，白橡木，凭借着与生俱来的优秀品

图 2.5　橡木桶酒馆

质，成为了胜任此职的最佳选择。她，质地坚实，却又富有弹性；她，高耸而又直立挺拔；她，木材的纹理平直而又均匀，且极少有小的突节。她的髓质射线笔直且在空间上稳定，这也使得她具备了液体不可渗透的特点。另外，白橡木心材中含有大量的甲级纤维素时液体不渗透，加上低的纵向孔隙度及她身体里所蕴含的单宁成分，让她能够很好地抵抗微生物和昆虫的侵害。其实上帝对这对伉俪早有安排，在产葡萄酒的地区总是会出现橡木她那挺拔的身躯。

你完全可以从一杯好的葡萄酒身上，找到包容与承载她的橡木桶的品质。你所闻到的葡萄酒的木质味和橡木味是橡木内酯在低浓度时化合作用的结果。高浓度的橡木内酯会提高葡萄酒的香气，使得葡萄酒中有如椰果似香草的味道。橡木中的木质素降解所产生的香草醛，同样赋予了葡萄酒香草的芬芳和风味，它的形成与烘烤的温度有关，在发酵过程中，由酵母所形成的香草醛乙醇会降低香草醛的特征。在烘烤过程中，愈创木酚和四甲基愈创木酚作用会产生明显的烟熏味特征。另外，橡木中的丁子香酚，给予了葡萄酒馨香和丁香花的芬芳，它在法国橡木中含量更高，并会随着烘烤的程度而增加。

为了能够承载她生命中的葡萄酒，橡木舍弃了很多，历练了很多。她必须勇敢地在户外风餐露宿 3 个春秋，然后经人工或机器的切割成板，再被严密地拼合在一起，经历高温的火的考验，只为成就她那简单而坚定的目标，让葡萄酒能安身在自己撑起的那片天地里，在历经这一切的磨砺之后，她终于成熟而坦然地出现在葡萄酒面前，开始了她们共同的旅程。

葡萄美酒夜光杯，同样的，优质的橡木陪伴并成就了醇香的美酒，她们难以割舍。你有听到橡木桶对她的葡萄酒轻轻地诉说吗？"执子之手，与子偕老"*。

2.1.5　橡树·诗人的轻吟

橡木高大的树枝为人们撑起了一片又一片的天地，其清晰的纹理如人生台阶让人不时地去总结、回忆和感叹。曾经因为其色泽淡雅、纹理美观而散发出粗犷拙朴、返璞归真的韵味，成为人们追求自然品质生活的最爱。其与生俱来的高贵气息，赐予了人们低调的奢华生活，也点缀了无数人生旅途。

从古至今，有多少人为橡树而虔诚传扬，有多少人为其而魂牵梦萦，又有多少人为之低声吟唱，如舒婷的《致橡树》、普希金（俄）的《别了，忠实的橡树林》。

---

* 此段文字来源仿于网络，具体见 http://www.foods1.com/content/481325/

致橡树
作者：舒婷

我如果爱你——
绝不像攀援的凌霄花，
借你的高枝炫耀自己；我如果爱你——
绝不学痴情的鸟儿，
为绿荫重复单调的歌曲；
也不止像泉源，
常年送来清凉的慰藉；
也不止像险峰，增加你的高度，衬托你的威仪。
甚至日光。
甚至春雨。
不，这些都还不够！
我必须是你近旁的一株木棉，
作为树的形象和你站在一起。
根，紧握在地下，
叶，相触在云里。
每一阵风过，
我们都互相致意，
但没有人
听懂我们的言语。
你有你的铜枝铁干，
像刀，像剑，
也像戟，
我有我的红硕花朵，
像沉重的叹息，
又像英勇的火炬，
我们分担寒潮、风雷、霹雳；
我们共享雾霭流岚、虹霓，
仿佛永远分离，
却又终身相依，
这才是伟大的爱情，
坚贞就在这里：
爱——
不仅爱你伟岸的身躯，
也爱你坚持的位置，脚下的土地。

别了，忠实的橡树林

作者：（俄）普希金

别了，忠实的橡树林！

别了，原野无忧的恬静，

别了，往日轻盈的欢欣，

你飘忽而逝，去色匆匆！

别了，三山村，多少回

快乐在这里将我来迎接！

难道我尝过你们的甘美，

是为把你们永远地抛却？

我从你们这儿带走回忆，

而给你们留下来我的心。

也许会（这个梦想多甜蜜！）

再来你们的田园旧梦重温，

到椴树的芝盖下故地重游，

在三山村缓缓倾斜的山城

又出现一个倾心友情之自由、

欢乐、优美和智慧的崇拜者。

　　高大的橡树令人崇敬，坚韧的橡树让人亲切。那么，又是怎样的一种橡树情怀才能让一位又一位的多才诗人感心动情？或许这，就是橡树的魅力。

图2.6　路易斯安那的百年橡树

北 美 橡 树

2.2　橡实资源加工利用

壳斗科栎属植物（橡树）的种子称为浆栎果，俗称橡子，英文名 acorn。橡树资源丰富，其主要来源于北半球，即欧洲的法国、英国、葡萄牙、西班牙、匈牙利、俄罗斯及美国和中国。其中，法国和美国是主要的橡树产地。橡子富含淀粉，其含量仅次于五谷而远高于豆类，一般都在 50% 以上，最高可达 87%。脂肪、蛋白质、V_B 都高于五谷。为此，国内外对橡实资源的加工与利用做了大量研究。

图 2.7　橡树种子形态特征

在亚洲，朝鲜半岛森林覆盖面积占总面积的 73%，是对橡子研究最为重视的区域。韩国的研究集中在汉城大学、国立大学和朝鲜大学，他们进行了淀粉分类、理化性质及其他成分对淀粉性质的影响等应用基础研究，其目的是将淀粉用于食品工业及饲料工业，他们每年还从我国河南进口去壳橡子。朝鲜高能研究所则利用橡子的水抽提物回收废水中的铀，并从废水中脱除其他重金属，1987 年及 1995 年申请了德国专利，此外印度、巴基斯坦两国也做了一些工作。

美国东部属阿巴拉契亚山系的纽约州等 9 个州立大学，中部落基山区的科罗拉多州立大学和西部海岸山脉及内华达山脉所包围的加利福尼亚州的加州大学等都在从事研究。1990 年以前其中心是做饲料尤其是养鹿场人工饲料成分，1990 年后涉及面拓宽，纽约州康奈尔大学某大学生进行了橡子抗氧剂研究。地处费城的美国火箭学会东部研究中心研究了橡子脂肪中羧基脂肪酸的形成和结构。科罗拉多州立大学进行了橡子单宁沉淀蛋白质的活性变化研究。加州大学进行了栎树橡子营养成分和积累的季节模式研究等，进入了化学生态学研究领域。

西班牙国土面积的 20% 以上覆盖着森林，他们对橡子的研究重点放在与油和脂有关的领域，对橡子和橡子粉的储藏也进行了研究，提出了影响橡子质量的 16 种主要因素和衡量变质的标准，这是橡子大量利用时必须解决而又易被忽视的工作。希腊核能研究中心以橡子为底物，用发酵法制取 α- 淀粉酶获得了高产率。前苏联分子生物学与生物化学研究所从橡子中提取了磷脂酰肌醇并确立了提取方法。新英格兰大学化学系对橡子中原花色素的分离和结构鉴定进行了研究。法国在 1974 年就橡子中单宁和多酚对牲畜的毒性、在生物体内的水解产物和橡子中毒的症状等进行了综述。

国内近 20 年来公开文章较少，中国科学院植物研究所和国内贸易部（原商业部）南京野生植物综合利用研究所部分同志系统整理了已有资料，对橡子的资源分布、化学成分和某些成分的提取方法作了较多的介绍。郑州大学赵文恩提出了从橡子淀粉中制取草酸的方法。湖北省化学研究所刘秀湘等从橡子壳中提取了一种黄烷酮类花黄素，已经国家卫生和计划生育委员会批准列为可以在我国生产使用的天然食品色素，在湖北襄樊市投产后，其产品获得了火炬金杯奖，另外，李国时、丁继涛分别发明了从橡子仁中提取纯淀粉的方法。

2.2.1 橡子的营养特性

橡子仁含淀粉 50.6%～58.7%、蛋白质 11.7%～15.8%、脂肪 2.1%～2.6%、灰分 1.3%～2.2%、单宁 10.2%～14.1%；橡壳含有大量的色素和单宁等成分。何瑞国等（2000）研究结果表明，橡子仁的可利用营养价值接近或略低于玉米，但略优于稻谷，是一种良好的可利用野生经济植物资源。橡子中含量最低的氨基酸是胱氨酸，其次是色氨酸、蛋氨酸，但谷物类的限制性氨基酸——精氨酸和赖氨酸的相对含量高出玉米 52% 和 68%。橡子中锌、铁含量稍低于玉米和高粱，但钾、钠、钙、镁、钴、锰的含量均高于玉米和高粱。敖特根等（1998）测定结果表明，蒙古栎橡子每 100g 含 V_B 10.0725mg、V_{B2} 0.0950mg、V_C 14.15mg、V_A 10.039mg；脂肪酸主要以亚氨酸（50.98%）、油酸（29.41%）为主，橡子（鲜）V_{B1} 含量为青冈橡子的 2.5 倍，明显低于玉米，是玉米的 1/3。

2.2.2 橡子的保健功能

孙思邈说："橡子既不属果类又不属谷类但却最益人，凡服食者还不能断谷的，吃此物最佳。无气则给予气，无味则给予味，消食止痢，使人健无比。"据《本草纲目》记载，橡子富含的微量元素对人体有收敛和调理脾胃、排毒、减肥等保健作用，具有很高的药用价值。据中央电视台 2004 年 11 月 5 日报道，橡子含有 18 种氨基酸，其中人体不能合成的苯丙氨酸、异亮氨酸的含量尤其丰富，这种氨基酸在体内能促进细胞新陈代谢，激发脑垂体激素和肾上腺激素分泌，促进氨基酸微循环，从而提高机体活力；橡子含有其他生物很少有的微量元素钒，钒能在人体内控制血浆和组织中脑酸浓度，控制磷脂氧化和 CoA- 脱酰酶的活性，肥胖者长期食用，能达到减肥、降脂、养颜排毒的功效，从而延缓人体衰老。任莹等（1996）的研究结果表明，橡子有拮抗重金属铅毒性及保护微量元素（如铜）不被丢失的作用。橡子富含单宁，医药上单宁可止血愈伤，抑菌抗过敏，尤其是具有抗氧化、抗癌变、防止心脑血管疾病的功效，是近年来酚类物质的研究热点。橡子在韩国、日本已成为家喻户晓的食品。

2.2.3 橡子的安全特性

橡子含有比较高的抗营养物质单宁（4.55%）和有毒的氢氨酸（0.98%）。单宁味涩，适口性差，在消化道中可与饲粮中的蛋白质结合，从而降低其利用率。单宁又可与肠胃道黏膜蛋白质结合生成鞣酸蛋白质沉淀，使胃肠道运动技能减弱而发生胃肠迟缓，引起动物便秘，大量单宁会引起动物出血性或溃疡性肠胃炎，发生腹痛、腹泻等。橡子仁中含有生氰糖苷，生氰糖苷本身不呈现毒性，但被动物采食、咀嚼后，在有水分和适宜的温度下，经过与苷共存的酶相互作用，水解产生氢氰酸，而引起动物中毒，甚至死亡。但氢氰酸的沸点低，加热易挥发，可在橡子仁的晒制和加工过程中自然挥发掉。

2.2.4 橡子的开发利用

(1) 橡子作为动物饲料

为了开辟饲料资源，充分利用自然资源优势，节省粮食，降低饲养成本，提高经济效益，缓解人畜争粮的矛盾，人们对橡子作为动物饲料进行了大量试验研究。结果表明，橡子脱单宁与否对猪的日增重、肉的品质均无影响；橡子用水浸泡或烘炒后均可降低单宁含量，提高消化率；橡子取代猪日粮中玉米的比例以 30%～40% 为宜，这样在不影响增重和肉品质的前提下，可降低饲料成本 15%～20%，料肉比为（3.11～3.40）：1；用 0.12kg 的橡子可代替 0.2kg 的基础日粮等。

(2) 橡子淀粉加工

橡子淀粉是我国目前主要的橡子加工产品。橡子淀粉的生产工艺有干法和湿法两种，采用干法工艺生产的橡子淀粉因未经过脱除蛋白质、可溶性糖、矿物质、纤维素等成分而品质较差，但从营养学角度来看，其营养价值却较湿法加工淀粉高，故又称其为橡子全粉。采用干法工艺生产的橡子淀粉主要用于发酵酿酒（出酒率为 25%～40%）或制造葡萄糖（转化率为 95%），纺织工业上作为浆剂，石油工业上作为缓凝剂和堵漏剂等。湿法工艺生产的橡子淀粉可作为食用，橡子凉粉不用任何添加剂，是韩国传统的保健食品，但以前湿法生产橡子淀粉大多是作坊式的传统工艺，受到设备和技术的限制，所生产的橡子淀粉中单宁及其他杂质多，难以达到出口产品的质量要求。随着国内外淀粉生产技术的提高，根据橡子淀粉生产特点和要求，通过研制和改造生产设备，使其生产工艺得到了逐步优化，产品质量得到了保证，淀粉收率大幅度提高，同时也控制了传统工艺造成的污染，取得了明显的社会经济效益和生态效益，从而达到了进行工艺改造和优化的效果。

(3) 橡子食品加工

橡仁粉中支链淀粉含量高，有利于形成凝胶，可产生橡子酱。将浸漂后未经干燥的橡子淀粉，用清水冲洗后预煮 15～20min，加适量水磨成浆，加糖，熬煮，浓缩成酱即得。以橡仁粉为原料，加适量豆沙、糖、琼脂等熬制，可加工制作风味独特的橡子羹。除了橡子酱和橡子羹，截至目前，我国报道的以橡子或橡子淀粉为原料加工的食品还有橡子豆腐、橡子酱油、橡子酒、橡子凉粉、橡子饼干、橡子醋、橡子粉丝、橡子挂面等，但市场上橡子加工食品较少，其具有较大的市场潜力。

(4) 橡子综合利用

目前橡子开发利用的研究主要有：从橡子壳（皮）中提取色素物质。从橡子壳中可提取出类似咖啡色的粉色色素，为多羟基黄酮类化合物，黄色固体粉末，易溶于水和稀乙醇，难溶于氯仿和乙醚等，在 pH 4～10 条件下稳定不沉淀。着色力强，如用量 0.01%～0.02% 可做成近似白兰地的色酒，0.1% 浓度接近可口可乐的颜色。从橡子皮中提取的棕色色素无异味，耐光、耐热、抗氧化性好，可用于食品加工业，如用于低度酒、可乐型饮料、烘烤食品等的着色。李新兰等（1990）对该色素的毒性进行了检测，结果表明，橡子壳色素作为食品色素是安全的，可代替焦糖色素。近年来，相关学者也对橡子壳色素的提取技术和稳定性进行了试验研究，效果良好。

2.2.5　我国橡实资源开发利用中存在的问题与对策

栎类种子中淀粉含量十分丰富，是重要的潜在食用淀粉资源。早在《辞源》上就有"歉岁食之，丰年取之饲豕"的记载（汪兰等，2009）。栎类树种可以作为重要的木本淀粉能源植物开发利用。橡实是我国最大的野生木本粮食资源，开发利用这一宝贵的森林植物资源具有重要的现实意义。我国对橡实资源的开发利用比较重视，有不少企业已涉足橡实产业，但从目前情况来看仍存在许多问题。

1）橡树仍处于野生状态，导致橡子采收困难，回收率低，资源浪费严重；品种混杂，既不便于加工，又影响商品价值。

鲜橡子干燥仍采用传统日晒的方法，干燥速度慢，效果差，导致回收的橡子大量发芽、生虫、橡子仁霉变。

2）橡子加工企业少，且产品档次低、规模小，技术水平落后，产品质量差，加工成本高，导致橡子收购价低，农民不愿采收。据调查，陕西省目前尚无橡子淀粉出口，所回收的少量橡子大部分以橡子仁销售，附加值未得到充分利用，影响了当地的经济效益。

3）橡子食品种类虽然不少，但大多为传统产品，新型深加工、高科技含量产品少，且产量普遍较低，市场供应量很少。橡子淀粉加工仍采用传统工艺技术，费时、费水、废水产量大，既易加重环境污染或增加废水处理费，又不利于单宁的回收利用。

4）对壳斗、皮壳基本上未加利用。

5）对橡实资源开发利用的研究力度不够，可被企业利用的成熟、先进加工技术很少。

2.2.6　加强我国橡实资源开发利用的对策

1）加强橡树种质资源研究，选育适宜我国栽培、品质优良、产量高的品种进行人工栽培，形成橡子种质示范基地。

2）加强新型橡子食品开发研究，橡子淀粉加工新工艺、新技术研究，橡子综合利用技术研究等，为企业提供工艺技术先进、科技含量高、产品质量好、原料利用率高、无或少环境污染的高新技术。

3）整合现有橡子加工企业，集中人力和财团，提高技术水平和装备水平，降低生产加工成本，提高产品档次、质量和原料利用率，减少环境污染。

2.3　橡木木材利用

2.3.1　橡木资源

橡树是北温带最常见的硬木，橡树具有坚硬、易弯曲和防水的结构特性，它长而直的纹理易于操作，柔韧性好，形状容易恢复。橡木木材具有以下优点：①具有比较鲜明的山形木纹，并且触摸表面有着良好的质感。②韧性极好，可根据需要加工成各种弯曲状，颇具美感。③质地坚实，制成品结构牢固，使用年限长，在许多古式的门窗花格制作中采用。④档次较高，适合制作欧式家具、中式古典家具，显厚实感，有红木家具的端庄沉稳，但价格比红木家具低。⑤橡木质地细密，管孔内有较多的浸填物，不易吸水，耐腐蚀，强度大，欧美国家用其来储藏红酒。橡树主要来源于北半球，即欧洲的法国、葡萄牙、西班牙、匈牙利、俄罗斯及美国和中国。其中，法国和美国是主要的橡树产地，两者的橡树在品种与性质上有所不同。

图 2.8　橡树天然林

（1）欧洲橡木

欧洲橡木分布于整个欧洲，东到乌拉尔，南到西西里，西到爱尔兰、法国、葡萄牙，北到挪威南部。在欧洲，无柄橡和有柄橡的数量随着纬度的高低而变化，但主要树种是有柄橡。

（2）法国橡木

法国森林面积约 1500 万 hm^2，占欧洲联盟（简称欧盟）森林面积的 40%，占法国国土面积的 28%，其中，2/3 是阔叶林。在法国，森林有两种类型：一是由国家林业办公室管理的公共森林，占 27%；二是私人森林，占 73%。目前，森林种植面积日益扩大，价格增幅也很大（每年大约是 10%）。

法国国家林业办公室确定了法国生产橡木的 11 个主要区域，这些区域占世界橡树种植面积的一半。法国是世界上主要的欧洲橡树产地，具有相当的交易量。

（3）东欧橡木

历史上，东欧是橡木的重要来源地，主要包括无柄橡和有柄橡。第二次世界大战爆发前，波兰、苏联和波罗的海的橡木在啤酒和葡萄酒工业中非常重要。20 世纪 80 年代，东欧剧变使得西方酿酒师开始使用匈牙利和摩尔多瓦的橡木。20 世纪 90 年代，由于法国橡木价格不断上升，人们开始探讨欧洲其他区域与法国同样类型的橡木。研究发现，比利时无柄橡木的化学特性和感官特性适合陈酿葡萄酒。而东欧的橡木香味更中性，更适合现代酿酒业使用。

图2.9　美国橡树天然林

（4）美国橡木

按照美国林业局1989年的报告，在美国东部，具有重要商业价值的可供选择的白橡木有6.98亿m^3，覆盖了美国东部的大部分地区，东到明尼苏达州、密苏里州和阿肯色州，南到新墨西哥州，北到缅因州。其中，仅有少部分用于制桶业，它们的髓和薄板的质量更好。美国橡木和法国橡木的差异在于浸填体。法国橡木在切割时必须考虑纤维，否则会出现渗漏，而美国橡木不存在这样的问题。

图2.10　洛杉矶布德罗友谊橡树

（5）中国橡木

中国约有栎属植物51种，占世界的1/6，包括常绿和落叶乔木，稀见灌木，广泛分布于北温带至热带山地。其中常绿栎林分布在秦岭、淮河以南及热带、亚热带地区，几乎遍布我国各省。落叶栎有20余种，为我国温带和暖温带地区落叶阔叶林及针阔混交

北　美　橡　树

林的主要树种。

目前，我国对原产于中国的橡木研究利用较少，尤其是对制作橡木桶及其储藏葡萄酒方面的研究利用更少。主要是缺乏对适于陈酿葡萄酒、白兰地的橡树种类、橡木纹理、橡木成分的深入研究，包括定性和定量研究；同时，对木桶制作工艺，包括原木选择，风干和烘烤条件、木板与木桶的均匀性、稳定性、防渗漏等方面的技术掌握不够。因此，有必要加强相关基础与应用方面的研究。

2.3.2　橡木建筑

从俄罗斯到奥地利，从大不列颠到欧洲海岸，古老而神秘的庄园无处不在。这些庄园的主人大多不是世袭贵族，就是艺术家。主人非凡的身世决定了庄园的气质：永远不止于外在的奢华，而是内敛地表述一种生活方式，优雅而尊贵。这样的生活方式渗透入了血液和骨髓，世代传承……

橡树作为庄园生活的代表，无论是其本身的气质，还是用其木材加工的产品，纵使经过千百年风

图 2.11　天使橡树

雨的洗礼，都依然持续着从雪藏了几个世纪的迷离传奇中缓缓散发出来，凝聚成庄园无可替代的尊贵、优雅，深深诱惑着每一个心灵。至今，当你走过温莎堡公爵庄园，走过华盛顿的弗农山庄，那一派令世人尊重且爱慕的贵族气质，在脑海中久久发散。

卢浮宫是世界上最古老、最著名的博物馆之一，时至今日，卢浮宫收藏稀世珍品2.5万件。在绚丽的艺术里，游客却经常为脚下的嵌木拼花地板惊叹不已，它"按一种令人眼花缭乱的几何图案铺制而成的，能使人产生一种瞬间的视觉幻象，感觉它是一个立体网络，游客每移动一步都觉得是在大画廊里漂游（《达芬奇密码》）"。而这是由一块一块的橡木组成的！橡木地板在卢浮宫优雅地延展了上千平方米，其尊贵的气质让举世的艺术膜拜者无不低头。

170英尺[1]长的"kiss the sky（亲吻天空）"，是世界十大顶级游艇之一。其内部豪华装修用材，大量应用了橡木，呈现出来的色彩和花纹，无不让人惊叹。也许，只有橡木那优雅、尊贵的品性，方能匹配"kiss the sky"的豪华气质。拉丁文橡木名 *Quercus* spp. 的含义为"优秀树种"，与很多高档的树种相比，橡木的色调清浅淡雅，纹理极具观赏性，既有像柚木一样的直纹，也有形如重蚁木的山纹，生动多姿，风格从古典到现代均宜，大面积的铺装后，更显出稳重、典雅之美。

正因为与生俱来的尊贵气质，橡木备受青睐。在美国，橡木早已成为经典木材的

1　1英尺$=3.048\times10^{-1}$m。

代名词，不论是拥有 200 多年历史的美国总统府邸——白宫，还是 NBA 的战场上，又或是美国不计其数的大大小小的家庭中，橡木都是他们的主角，橡木与建筑，橡木与生活，早已不可分割。

2.3.3　橡木与葡萄酒的相关性

1 万年前，我们的祖先就酿造了葡萄酒，但直到公元 5 世纪，才有记载意大利人使用橡木桶存储运载葡萄酒，并延续至今，橡木成为酿造顶级葡萄酒必不可少的工具。

橡木桶的使用并不只是为了增加葡萄酒中橡木弥久清新的香味。经过 1000 多年的经验流传，酿酒师发现，用橡木桶陈酿葡萄酒，除了给人们带来愉悦的香草和橡木香之外，对于葡萄酒整体品质的提高也有非常重要的作用。

一方面，由于橡木的纤维细胞能够使微量空气透进酒液，这种微量的氧化有助于葡萄酒的成熟，同时可降低葡萄酒里青涩的味道，使酒液更加圆润，起到柔化、改善葡萄酒品质的作用。另一方面，橡木能将葡萄酒中的多酚和芳香物质挥发出来，新酒从橡木板中吸取单宁与香气，能够增加酒的结构性，使酒更加醇和、有风味。

同时，橡木还具有稳定和增加葡萄酒颜色的好处，在成熟的过程中，葡萄酒内的悬浮杂质会经由多次换桶作业而逐渐消失，酒色看起来更鲜明，更令人感觉愉悦。

可以说顶级葡萄酒的灵魂就在于橡木。法国波尔多葡萄酒产区的五大顶级酒庄之一的 Chateau Lafite Rothchild（拉斐酒庄）酿酒大师对橡木之于葡萄酒的作用推崇备至，认为一杯顶级葡萄酒就像一杯魔水，但唯有橡木才能赋予它魔力，令人如痴如醉。

从创造了制桶业的 Celtic 开始，数千年过去了，木桶仍然和我们在一起。而且，人们逐步了解到橡木的主要特点，并将它与优质葡萄酒的酿造紧密结合在一起。橡木桶已经不仅仅只是一种容器，更是对葡萄酒文化的承载，杯光烛影时，摇晃的红酒杯中，你是否闻到了橡木的清香？

2.3.4　橡木与城市园林

对于橡树，无论是其优质的木材，还是被广泛应用的橡实资源，又或是其根深蒂固的各国文化，它一直与人们为伴，世界各国也均十分重视橡树资源的培育。橡树作为观赏树种，也被广泛应用于城市园林建设或民居环境的美化。澳大利亚原无橡树资源，在建设首都堪培拉时，他们硬是远涉重洋，从欧洲引种了大量的橡树。现在，这些橡树都已成为参天大树。橡树在英国被称为林木之王，在美国被评为国树。欧美各国大力提倡种植以橡树为主的硬阔叶树的做法值得我们借鉴。

在我国，由于橡木（柞木）的材质坚硬，人们难以进行加工和干燥处理，因此把橡木统统列入了硬杂木的范畴，只能作为价值很低的薪炭材。橡树资源的培育，除了为饲养柞蚕进行了一些人工培育以外，基本没有开展。国外有把橡树作为观赏树的传统，可我国几乎没有哪个城市在绿化美化建设中引入橡树。北京周边的山上到处都是橡树，但城区却不见一株橡树。一家号称东亚最大的高尔夫球场，种的都是杨树。杨树在国外一般作为工业原料树种，不仅不能作为城市观赏树种，更不能种在高尔夫球场，能登高尔夫球场这样大雅之堂的还是橡树。

北 美 橡 树

图 2.12 橡树自然林　　　　　　　　图 2.13 美国中央公园橡树

橡树的树形高大舒展，可以为人们提供凉爽的避阴之处。橡树的叶片宽大，有光泽，夏季碧绿、秋季金黄，有的还发红，是优良的观赏树种，可以广泛地应用于城乡的绿化、美化。橡树是长寿树，其寿命可达 700 年之久，一代人种植，多代人受益。

橡树的生物量巨大，其宽大的叶片、丰硕的橡子、密实的枝条，可以形成巨大的碳汇。以橡树为主的园林，有着丰富的生物多样性，可以为各种昆虫、鸟类等动物及微生物提供理想的生活乐园。橡子含有丰富的淀粉，是多种野生动物、鸟类的食物。以橡树为主的森林，具有稳定的森林生态系统，不容易发生毁灭性的森林火灾和森林病虫害。在欧美电影中，经常能看到在城市自然空间内各种动物与人们和谐相处，在这里人与动物、人与自然完美地融为一体，而橡树则是他们沟通的桥梁。

图 2.14 橡树混交林

广泛开展种植橡树的工作，可以培育日益紧缺的高档木材资源，提供工业原料，还可以改善我国森林生态系统，美化城乡人居环境。这项工作应当得到我国政府和社会各界的广泛关注。

第三章　北美红橡的繁育技术

3.1　种子的调制与储藏

3.1.1　选种分级

　　种子调制是培育壮苗的重要工序和基础工作。目前，种子量少时采用目视法检查橡种，剔除有虫孔、形态不正、有损伤和过小的种子，再用清水漂洗 1 次，淘汰霉烂、瘪小的种子，捞出晾干。若种子量大，就先用水选法，去除浮在水面的种子，再采用目视法，可减少工作量。

图 3.1　橡树种子形态特征

3.1.2　种子灭虫杀菌

象甲虫对橡树种子危害极为严重。象甲虫在种子为幼果期间产卵于果皮之下，种子成熟后其已孵化为幼虫，种子采收后要及时灭虫。可以采用水浸法和药剂法进行种子灭虫和杀菌。其中水浸法简单安全，成本低廉。水浸法：将采收后的种子装入编织袋内，然后将装有种子的编织袋浸入流动的河水中（切不可把种子在死水中浸泡或在缸、桶等容器内长时间浸泡），编织袋要浸入水面以下，上面用石块等重物压好，一般浸泡7～10d即可。药剂法：用0.5%的高锰酸钾浸种1～2h，捞出，用清水冲洗后即可秋播或冬储催芽处理。

3.1.3　种子储藏

（1）室内沙藏

这种方法多适用于冬季湿度大、温度较高的地区。室内沙藏时选择通风且阴凉（无阳光直射）的室内或棚内，先铺一层湿沙，厚度5～6cm，将晾干和经杀虫处理后的橡树种子铺在上面，厚度与湿沙层相同，如此一层湿沙一层种子堆上去，堆的厚度不超过70cm，也可将种子和湿沙搅拌均匀放在一起堆藏，堆的中间必须间隔地插上草把或竹笼以利通风，防止种子发热霉烂。为了不使堆上的种沙垮塌，在堆的四周用砖头垒砌围墙。此法的优点是能控制种子的发芽期，而且检查和取种都比较方便。

（2）室外坑藏

坑址选择在地势高、排水良好、地下水位较低的沙壤土上。坑的大小视种子多少而定，一般深1m左右，长1～2m，坑壁垂直，先在坑底铺一层大粒沙子，在其上铺一层湿润细沙，细沙含水量约30%，用手能握成团，以不淋水为度，然后再铺一层种子，这样一层细沙一层种子间隔成层状储藏，每层种子和细沙的厚度8～10cm。或将种子和细沙拌匀放入坑内，种沙比例为1：2。堆至离地面20～30cm为止，用干沙覆盖，上面再用土堆成小丘，高出地面30～40cm。为了通风透气，需要在坑的四角或每隔一定距离竖立草把或秸秆。坑的四周挖小沟，以利排水。要定期检查，以防鼠害和霉烂，春季解冻后，掏出种子，随即播种。这种方法用于冬季少雨、气候寒冷的地区。因此，储藏时温度控制在1～3℃为宜。

（3）库藏

秋冬季节，把阴干的种子用筐篓或麻袋装好，放入冷库，温度控制在-2～-1℃，至翌年春播时即可出库播种。也可将种子放入地库（北方果农储藏水果用的土窖）内储藏。

（4）流水储藏

用竹篓、木筐盛种子，放在流速不大的地方（河边、溪旁），用绳索木桩固定篓、筐，防止流水冲走。在我国温度高、湿度大、气候炎热的南方，选择流水急，水深达

北　美　橡　树

70～80cm 甚至以上，有石头底的河沟。然后横截河沟，打木桩，用荆条或竹子编成篱堰，用树枝或竹篱垫底，最后倒入橡树种子，厚 33～67cm，每月翻动 1～2 次，储藏 3 个月发芽率仍保持在 85%～90%。

3.2 播种育苗

3.2.1 催芽

采用室内湿沙埋藏法储藏的种子，催芽时可采用沙床催芽法，播种前 7～10d 往沙中浇适量的水，夜间用薄膜覆盖保温，白天揭开薄膜，以保持一定的湿度和温度，以利于种子的快速发芽。催芽处理 7～10d，待 80% 的种子发芽后即可进行苗床播种。

3.2.2 圃地选择

苗圃地应选择造林地附近，地势平坦、土壤肥沃、通风透光、灌溉便利、交通方便的地方。土壤以沙质壤土、轻壤土或轻黏土为适宜。地下水位在 1.5m 以下，切忌选择低洼、易积水、遭受晚霜危害的地方为苗圃地。

图 3.2　温室大棚培育苗木

3.2.3 圃地整地

整地作床（垄），秋冬季或提前一季进行翻耕整地，翌年开春后，浅犁耙耱同时施入有机肥 2000～3000kg/ 亩，整平圃地，划区利于做步道，即行作床，以利排水。床面宽为 1～1.2m，床长可根据具体情况而定，一般长 10m 为宜。苗床的高度由于当地的雨量、灌溉、排水等条件不同，酌情选择高床、平床或低床，湿润地区多用高床，干旱地区多用低床。

育苗数量如果很大，也可采用大田或做垄培育橡树苗。苗圃垄一般有 85cm 宽的大垄和 60cm 宽的小垄。在干旱地区可平作。这种方法，虽然出苗较少，但可实行机械耕作，播种、田间管理及起苗比较方便。

3.2.4 播种方法

播种方法可分为条播和点播。条播是在做好的苗床床面上开沟，横行或直行均可，一般多采用直行，行距 20～25cm。点播是在苗床床面挖穴，在穴内点种。栎属种子较大，种子纵剖面的一端为种尖"小头"（带尖的一头），即胚根区，另一端为种脐"大头"（带"帽"的一头），即子叶区。种子萌发，首先突破种皮的是胚根，即胚根从种尖"小头"伸出往下扎入土壤，胚根长出之后，形成 1 条或数条主根扎入土壤下层，而后胚轴易从根区伸出，向上萌发出胚芽，向上出土生长，逐渐生枝发叶。栎属种子属地下性发芽，种子发芽后，两片子叶则宿存土中，子叶不露出地面。播种时，一定要逐粒放置种子，应该将种子平放，如种尖"小头"向上，发芽时胚根就会"打弯"向下生长，对胚根影响很大，甚至死亡；如"小头"向下，则对胚芽的生长发育十分不利。

3.2.5　播种量

播种量与种子质量、播种方式和苗木质量有关。发芽率高的种子，条播沟内每隔10～15cm平放1粒种子，播种量视种子质量好坏来酌情考虑增大播种量，橡树种子播种量参考表 3.1。

表 3.1　橡树种子播种量参考表

序　号	树　种	千粒重 /g	优良度 /%	播种量 /（kg/亩）
1	柳栎 *Q. phellos*	1365.43	93.37	50～60
2	弗吉尼亚栎 *Q. virginiana*	1425.74	92.04	50～60
3	猩红栎 *Q. coccinea*	3500.13	93.63	120～140
4	北美红栎 *Q. borealis*	2529.41	93.26	100～120
5	南方红栎 *Q. falcata*	1460.33	94.28	60～70
6	娜塔栎 *Q. nuttallii*	4400.11	97.66	150～160
7	针栎 *Q. palustris*	2212.15	96.97	80～90
8	北方红栎 *Q. rubra*	1657.16	94.86	60～70

3.2.6　播种深度

覆土厚度以 1～3cm 为宜。深度过大则影响发芽。试验表明，覆土 1cm 时，发芽需 46d，发芽率为 95%；覆土 3cm 时，发芽需 76d，发芽率为 85%；而覆土厚度达 9cm 时，发芽需 111d，且发芽率仅为 70%。要根据土壤墒情和季节掌握播种深度，冬播宜深，春播宜浅，土壤湿润宜浅，土壤干旱宜深。播后踏实土壤，使种子与土壤密切接触。

3.2.7　播种季节

橡树种子秋播、春播均可，一些地方可采取随采随播，但秋季播种的时间应晚一些，春季宜早，3月上旬即可开始进行。生产实践表明，在华南地区，橡树冬播比春播好，一是可免去种子储藏，二是成苗率高。冬播比春播苗平均高 22.7%，。冬播出苗合格率为 93.0%，春播为 82.0%。

3.2.8　苗期管理

（1）覆盖遮阴

播种后要加强管理，为了保持圃地湿润，需在床面覆盖草秸和竹帘。在冬季播种的地上要浇 1 次水，地面结冻形成冰封可以防止鼠害，春季冰冻融化，增强土壤湿度，有利于种子发芽。

北　美　橡　树

（2）间苗移栽

当幼苗出土后长到5～8cm时，要进行间苗，株距10cm左右，将间出的幼苗移栽到其他苗床，间苗宜在阴天或灌水后进行。

（3）除草施肥

春季播种的种子，在温暖地区，经10～20d，就会发芽出土，我国北方气候寒冷，需要月余尚可发芽出土。播种苗的生长过程可以分为生长前期、缓慢生长期、快速生长期和生长后期。如3月上旬播种，当气温上升到16℃左右时，种子就会萌芽出土，由于橡树种子所含营养物质丰富，故出土幼苗较粗壮，且第1次抽新梢较快。处于自养这一时期，要松土、除草，但要注意轻锄浅松，除草时不要带动幼根。当平均气温上升到20℃时（5月初至7月），苗木生长缓慢，此时种子所含营养物质已消耗殆尽，但尚未形成完整根系，这一时期已进入他养阶段，需要结合松土、除草进行施肥1～2次，施用尿素10kg/亩，结合施肥灌水1～2次。7月中旬至10月中旬（北方一般为9月中旬），这段时期平均气温为20～26℃，生长较旺盛，7月上旬、中旬需施1次氮肥，后期8月上旬以磷、钾肥为主，可施硫酸钾、过磷酸钙30～40kg/亩。9月下旬至10月下旬以后，气温逐渐下降至14℃以下，降水量也相应减少，橡树叶片逐渐枯黄，生长趋于停止。橡树多耐旱耐瘠，不宜过多灌水施肥，过量则会引起苗木徒长，反而降低了苗木质量。据研究，橡树属于春季生长类型，即从第2个生长周期（2年生苗）开始，表现出春季生长的特点。春季开始生长时，经过极短的生长缓慢期，即进入速生期。高生长的速生期也短，速生期过后，高生长很快就停止。以后主要是展叶和叶子的生长，经过一段时间的积累，又出现第2次生长现象。当苗木进入速生期之前的5～6月就应进行追肥。

（4）切根培育

橡树多为直根性强的树种，1年生苗木主根长达60～80cm，少数可长达90～100cm甚至以上，但侧根尤其是须根很少，移栽这样的苗木，往往成活率不高。可以采用切断主根的办法，促进侧根、须根的生长发育，达到提高移栽成活率的目的。

当苗木地上部分长到20～30cm（地下部分已超过30～40cm）时，进行切根，操作方法是：在距幼苗10～15cm的地方，用长铁锹斜插入土壤里。铁锹倾斜的程度不可以太大和太小，以在地下18～20cm处切断主根为宜。切断主根，可以促使幼苗的根部多长3～5条侧根及无数须根，用这种苗木来造林，容易成活。

（5）苗木出圃

橡树幼苗在苗圃里生长1～2年后，即起苗出圃栽植。一般亩产苗1.50万～2.0万株。挖掘橡树小苗，一般秋起秋植或春起春植，随起随栽。起苗又分人工挖苗或机械掘苗，在起苗时必须注意不要损伤苗木根系，要保持苗木根系完整，尤其要保持有较多的须根，保证栽植后的成活率和生长良好。

图3.3　柳栎大田育苗

（6）苗木分级

起苗后，应按苗木根茎粗细、苗木高度和须根多少进行分级，一般分为3级。一级苗必须根系发育良好，有若干侧根和大量须根，茎枝发育健壮，根茎比较粗大；二级苗应是苗木生长发育良好，但稍矮，苗茎稍小，根系发育稍差；三级苗生长细小，根部发育不良，苗茎生长不正常，芽苞细小，并有伤害。一、二级苗可用于造林或栽植，三级苗需移床再行培育。

（7）苗木假植

苗木起苗后，不能立即栽植，特别是秋季起出的苗木待翌年春季栽植的，需要长期假植。具体做法是，选择排水良好、背风向阳的地方，挖一条沟，沟的大小和深度视苗木的数量和大小来确定。沟挖好后，将苗木直立放入沟内，每放1排苗木，填1层土，把苗木的根系和茎基部埋严踏实，达到"疏排、深埋、踏实"的要求。土壤干燥时，假植后要浇水，以防苗根干枯。北方冬季寒冷、风大，假植后还应将苗木的地上部分，用禾秆覆盖以防严寒冻伤苗木。假植后经常检查，发现苗根干燥或发霉要及时处理。

（8）苗木运输

将分好级的苗木，每50株或100株捆成1捆，200株或500株打成1包，再运输。如要长途运输，应先将裸根蘸泥浆后，再用草帘（低温时可用塑料布）包装捆绑好，途中一定要保持苗根的湿润，严防苗根枯干，还应缩短运输时间，尽快运到目的地，立即栽植。

（9）其他

根据江苏省煜禾农业科技有限公司总经理张孝军介绍，北美橡树培育过程中应注意几个问题。一是所有北美橡树幼苗、幼树均对除草剂十分敏感，易受药害，产生网状叶，特别是在橡树新枝生长期应禁止使用除草剂，同时附近农田如果使用除草剂也会对嫩叶产生影响。例如，1年生种子育苗的苗圃地，如果该圃地前茬种植水稻或其他作物时已使用过除草剂，则该苗圃地一定要深翻并进行曝晒，反复2～3次，可明显降低药害。二是橡树幼苗生长期发现有虫害，不宜喷施敌敌畏农药，因橡树幼苗的嫩叶易受到药害，产生大量掉叶。建议喷施各种农药前进行小范围试验，证实无药害后，再大面积喷施。三是橡树1～2年生苗木移栽时要深挖，尽量保留原有根系，起挖后立即对根部喷施橡树伤口愈合剂；栽植前用橡树生根剂浸泡根部，通过生根剂处理有利于提高成活率，而且可缩短缓苗时间，降低僵苗率。

3.3 扦插育苗

扦插繁殖的优点是能够保持母树的优良特性，培育优良类型或单株的无性系，也可获得一定数量的苗木，且生长快，开花结实早。扦插苗，根据所用枝条木质化程度不同，分为硬枝扦插、嫩枝扦插两种，生产实践中以硬枝扦插应用广泛。

3.3.1 穗条选择

橡树属于难生根树种。其插穗生根，主要依赖插条的内部条件，扦插采用8～10

北 美 橡 树

年生柳栎的当年生中上部萌芽条（无病虫害、生长健壮的苗枝条）插穗，插条粗0.4～0.6cm，插穗长25～30cm，时间为5月中旬至6月中旬。剪掉插穗中部以下叶片，保留主梢，基部剪斜，然后用枝剪以适当的力度轻敲枝条基部，以利于插条更好地吸收激素。

图3.4　柳栎扦插育苗

3.3.2　穗条处理

处理插穗是为了促进生根。用吲哚丁酸钾盐（KIBA）6000mg/L，插条基部2～3cm在生根剂溶液中速蘸15s后置于阴凉处晾干。

3.3.3　插床准备

插床可建造一个简易塑料大棚，可安装自动喷灌装置，用32孔穴盘装，用珍珠岩和泥炭土的混合物（体积比为3∶1）作为扦插基质。

3.3.4　插后管理

扦插好后将穴盘放置于温室间隙喷雾苗床上，管理采用全光照自动间歇喷雾装置，每隔15min喷雾10s，温度设为20～30℃，并在温室顶上覆盖一层80%的遮阴网进行遮阴降温。夏季高温季节喷雾时间从7:00开始，至傍晚20:00停止，阴天间歇喷雾，雨天停止喷雾。定期观察，清理脱落的叶片及根部腐烂的插穗。做到晴天间歇喷雾，雨天停止喷雾。

3.3.5　炼苗

当插穗生根达2～3cm，并有一定数量（7～8条）时，可停止喷雾，视天气情况，开始每天洒水1～2次，5～7d后停止洒水，使扦插苗逐渐适应自然环境条件，为移栽做好准备。

3.3.6　移栽

炼苗7～10d后，便可移栽。移栽前，细碎苗床土壤，挖穴或开沟移栽，土壤黏重时，先用沙子覆盖，上面再覆土盖严。由于此时须根比较幼嫩、脆弱，容易折断，为使根系舒展，不要用器械压紧土壤，而是通过移栽后浇透水，使土壤与苗木根系自然密接。

3.4　嫁接育苗

嫁接育苗是将一种植物的枝或芽，接到另一株植物的茎或根上，使它们愈合生长形成一个独立的新个体的育苗方法。嫁接育苗能够保持树种或品种的优良特性，具有增强抗逆性；促进抗旱、开花结实等优点，特别是对某些难以繁殖的橡树树种更有现实意义。影响嫁接成活的因子主要是砧木和接穗的亲和力、形成层的作用和愈伤组织的形成。

3.4.1 接穗和砧木准备

接穗应从优良类型或品种、无病虫害、生长健壮的中壮年母树树冠的中、上部外围采集。所采枝条应是当年生长良好、充分成熟的发育枝。接穗可随采随接，也可早春采集放在 0～2℃冷库内沙埋贮藏或窖藏，待嫁接时取出。不同时期采集插穗对橡树嫁接成活率有不同的影响。砧木一般为实生苗，多在嫁接前 1～3 年开始培育。要选择生长发育健壮、根系发达、抗性强、与接穗亲和力强的适龄超级苗作砧木。以生长时期较长的平茬 2 年生植株作砧木效果更好。

3.4.2 嫁接方法

橡树嫁接方法有插皮接、四面削连皮贴接、劈接和砧木留桩皮下腹接，以前两种嫁接方法为好。

（1）插皮接

将接条剪成长 10cm 左右的接穗，上端带 2～4 个饱满健壮的冬芽，基部一面削去 1/3，刀口长约 2cm，再将其另一面（背面）两侧各轻削一刀，削至韧皮部。在砧木距地面高 3～5cm 处剪齐，将一面皮层揭开，随即将削好的接穗，插入砧木皮内，插牢后用塑料薄膜条缠扎结实。

（2）四面削连皮贴接

在插皮接削成的接穗基础上，背面再轻削一刀，达到韧皮部，其砧木一侧的皮层，按接穗宽度划两刀，把砧木皮剥开，将削好的接穗贴上，再把砧木皮贴附在接穗上，然后用塑料薄膜捆扎结实。

（3）劈接

砧木较粗时可以用劈接。嫁接时先将砧木苗基部周围的土扒开，从距地面 3cm 处剪去砧木苗干，再从断面中部向下切一个长 3cm 左右的切口，然后将接穗剪成具有 3～4 个芽的枝段，在其下侧削成相等的两个斜面，使其呈楔形，然后将接穗插入切口中，使砧木和接穗的皮层对齐，再绑扎培土即可。

（4）砧木留桩皮下腹接

选择栎类幼树采伐后的 2 年生萌蘖作砧木，2～4 年生的实生苗也可作为砧木，但成活率较低。将 10～15 年生栎类幼树在近地面处锯断，使其从根颈处长出萌芽条，当萌芽条长出来以后，留下 3～4 株最粗壮的，其余去掉，第二年春季萌芽条直径达 2cm 左右，即可供砧木之用。接穗采自优良橡树植株，于嫁接前 10～20d 当树液尚未流动时采取，采后埋藏于盛沙的木箱中，置于阴凉处。接穗只用 1 年生粗壮枝条，直径大于 0.5cm 为宜，剪去秋梢。嫁接适宜时期以砧木树液开始流动时为准，在 4 月中、下旬，并应在半个月内完成嫁接工作。嫁接时除去砧木的切枝叶，减去顶部，使之成为 0.5～1.0m 高的桩子，以便以后用来保护接穗。如果芽接，则在距地面 7～10cm 砧木皮层处切成"丁"字形。接穗上端一般留 3 个芽，下端削成完全平滑的斜面，其长度不小于接穗直径的3～4倍。斜面必须一刀削成，栓皮栎本质坚硬，嫁接刀必须锋利，这是保证嫁接成活的关键。

3.4.3 嫁接后的管理

嫁接后要随时除去砧木上的萌芽，嫁接1～2个月后，新枝即可达10～20cm，将它系在砧木上，并松缚或用刀在接口背面将麻皮击开。

3.5 容器育苗

容器育苗有利于培育壮苗，克服因主根粗长而侧根不发达造成的成活率低等弊端，而且不受季节限制，可进行四季造林。

3.5.1 容器制备

草、泥结构的容器可以自己制作，用一只酒瓶作模子，先用水把瓶子泡一下，取出后再蘸些草木灰，这样糊在模子上的泥土容易与模子分离，容器内径8cm，高12cm，做好后的容器放在太阳下晒干备用。或用蜂窝形塑料无底的六角形杯，杯侧面用水溶性胶制成的杯组，可以压扁成叠，便于运输。规格亦为内径8cm，高12cm。

3.5.2 营养土配制

配制营养土的种类较多。如60%山坡表土、30%心土、10%腐熟肥料；或用10%厩肥、80%耕作土、10%沙土；或表土与锯屑（或稻壳）按2∶1的比例混合后，再加入5%的饼肥粉及过磷酸钙充分搅拌而成。

3.5.3 装土播种

在每米长的行内整齐排放10个自制容器于准备好的苗床上，然后装上营养土，当装至容器高的3/4时，每容器内横向放置可发芽的橡树种子1粒，再覆盖营养土至高出容器为止。如用市场上购置的无底塑料薄膜营养杯，则播完种需再在圃地或苗床架设塑料薄膜小拱棚或大棚。

图3.5 琴叶栎容器育苗

3.5.4 苗期管理

播种后至发芽出土前（30～40d），要经常保持苗圃和容器内土壤湿润，并随时注意棚内温度变化，例如，晴天中午，若棚内温度超过35℃时，应揭开棚两端的薄膜，通风降温，防止灼伤幼芽。苗木出齐后，揭去薄膜，做好浇水、施肥、松土、除草工作，尤其是6月下旬至7月底，要加强水肥管理，促进苗木高径生长。

容器苗出圃时，要注意保持容器及苗木根团的完整，运輸时防止根团的损伤，对穿过杯底的过长根系，可适当铲去或修剪，以提高移栽成活。

3.6　主要病虫害防治

3.6.1　叶部病害

3.6.1.1　炭疽病

栎树都能感染炭疽病。其中，星毛栎最易受到伤害。该病极少造成严重危害，但是导致树木落叶，影响生长。

图3.6　栎树炭疽病病叶

1. 症状

染病树叶沿叶脉或叶缘形成不规则斑点，出现棕色坏死。随着感染程度的加深，出现提前落叶。树下部枝条最易受到感染。染病树叶表现类似被太阳烤焦（图3.6）。

2. 病原菌

引起该病的真菌主要是日规壳属（*Gnomonia* spp.）真菌，属间座菌目，日规壳科。该类真菌在感染的树叶内越冬，次年春天依靠风媒将产生的孢子传播感染新生的幼嫩树叶。感染后，树叶出现坏死，再次产生孢子。只要天气适宜，该循环就会持续进行下去。

3. 发病规律

该类真菌喜湿冷天气，因此，在小雨或结露的情况下，该病严重危害新生芽和叶。春季雨天极易发病。

4. 防治方法

1）及时清除落叶焚毁。

2）在春季出芽冒叶时，喷施杀菌剂2～3次。

3.6.1.2　白粉病

白粉病在星毛栎上都有发生，但是有些栎树发病更普遍。

1. 症状

春末夏初之际病菌入侵后，叶面或新梢先出现淡绿色直径为0.6～1.3cm的斑点，之后很快长出白粉。粉斑初为不规则形，后连片，夏末秋初白粉层长出黄褐色小球，后变黑密集，叶片一般不枯死，严重时叶片常皱缩或畸形。病害严重时，会出现叶片早落（图3.7，图3.8）。

2. 病原菌

引起白粉病的病原菌为子囊菌纲，白粉菌目，白粉菌科，球针壳属与叉壳属中的真菌。主要有4种：*Phyllactinia corylea*、*Phyllactinia roboris*、*Microsphaera alphitoides*、

Microsphaera alni。

3. 发病规律

该病菌以孢子的形式存在于被感染的叶片上越冬。在春夏季，真菌孢子随着气流传播感染健康树木。真菌仅在叶表皮细胞上或之外进行活动。

4. 防治方法

1）晚秋清除落叶焚毁。

2）春夏发病严重时，可用 0.3 波美度的石硫合剂或退菌特 800～1000 倍液喷雾。

3）使用稀释的热粪汁喷洒，具有追肥灭菌的作用。

图 3.7　弗吉尼亚栎叶上的白粉病　　　　　　图 3.8　白粉病栎树叶

3.6.1.3　栎树缩叶病

栎树缩叶病对两类栎树都能感染，特别是红栎类。水栎、星毛栎、红栎和弗吉尼亚栎最易受到缩叶病菌的侵害。其中，水栎最易染病。

1. 症状

发病区域开始时在叶被凹陷处叶面出现膨胀突起，导致叶形扭曲。叶正面的膨胀处有浅橄榄绿色、细滑的真菌生长。随着感染时间的推移，真菌颜色变为深棕至黑色，叶片的突起部分有的则开始由浅绿色变为棕色，叶片其余未感染区域仍为绿色。染病严重时，有轻微的落叶（图 3.9）。

2. 病原菌

栎树缩叶病的病原菌为 *Taphrina caerulescens*，属外子囊目，外囊菌科，外囊菌属真菌。

3. 发病规律

真菌在芽鳞上越冬。春季芽开始萌动时，越冬的真菌孢子在适宜的天气开始产生，并感染正在生长的新叶。在长叶时，如果天气寒冷且雨水多，则易出现感染，但问题不严重。

4. 防治方法

在春季，芽萌动之前，对有病史的树木喷施含铜杀菌剂。

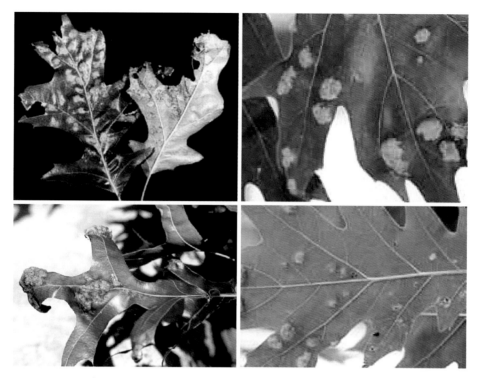

图 3.9　栎树缩叶病

3.6.1.4　褐缘叶斑病

褐缘叶斑病对所有栎树都能感染，特别是对南方红栎幼树危害最为严重。

图 3.10　褐缘叶斑病

1. 症状

染病树叶开始局部出现不规则红棕色斑点，斑点被淡棕色包围。淡棕色区域会蔓延至叶片的大部分。该真菌通常与其他病原菌共同作用于染病叶片。导致叶缘出现大量棕色病斑。严重时，导致栎树提早落叶，影响树木生长（图 3.10）。

2. 病原菌

引起褐缘叶斑病的真菌为 *Actinopelte dryina*。

3. 发病规律

褐缘叶斑病通常在夏末或早秋发病。真菌在落叶中越冬。春季，真菌孢子通过风媒传播至健康树叶。在大部分地区发现从仲夏直至整个秋天都有褐缘叶斑病发病。新栽树木或病树易遭受严重病害。该病虽然通常认为不严重，但能导致栎树大部分树叶脱落。

4. 防治方法

1）合理施水施肥，对有萎黄症的树木，适时施加铁肥。

2）清除落叶焚毁。

3）严重时，采用喷施铜锰锌杀菌剂或波美 0.3 度的石硫合剂。

北 美 橡 树

3.6.1.5 细菌性叶焦病

栎树感染该病都发病缓慢，但通常是致命性的。

1. 症状

栎树感染该病叶子首先开始黄化，且绿色从叶尖和叶缘开始慢慢褪至褐绿色，最后变为棕色（图3.11）。症状出现在夏末，先是树冠外部和上部，所有叶子都会被感染。叶焦病的症状通常是先出现在1～2个枝上，然后传染至整株树。树叶直至秋天脱落。边材无深色条纹。

图3.11 叶焦病

2. 病原菌

引起细菌性叶焦病的细菌为 *Xylella fastidiosa*。

3. 防治方法

建议及时清理染病树木并焚毁。

3.6.2 枝干病害

3.6.2.1 守枯病

守枯病能感染大部分栎树，病菌通常通过修剪口处或伤口处侵入，使树干、枝干和树根凹陷。该病对瘦弱栎树危害严重。

图3.12 守枯病

1. 症状

在溃烂处的树皮表面，出现直径约0.3cm，高0.15～0.3cm的亮橘色脓疱（图3.12）。

2. 病原菌

守枯病病原菌为 *Endothia gyrosa*。

3. 发病规律

通常受到干旱、低肥或物理伤害胁迫的栎树更易被该真菌侵染。生长良好的栎树对该病具有较强的抗性。

4. 防治方法

1）加强维护管理。

2）及时修剪病枝，减少交叉感染。

3）修剪整枝后，对新鲜伤口进行喷漆处理，防止病菌侵入。

3.6.2.2 栎树次木质枯枝病

所有栎树都易感染次木质枯枝病，其中水栎和星毛栎最易感染。红栎类比白栎类更易感染该病。枯枝病通过伤口和边材的生长来破坏瘦弱栎树。

1. 症状

感染栎树次木质枯枝病的树木，其树叶首先黄化和稀薄。染病严重者，树叶快速死亡，变成浅棕色，在短时间内掉落。随后，真菌结构在树干和枝干上显现，粗糙的树皮外层呈斑块状脱落后，红棕色或橄榄绿色孢子暴露出来。之后形成黑棕色至黑色壳状物质，该物质的颜色因不同树种而不同。在星毛栎上，该真菌为黑棕色，而在水栎上该区域为淡红棕色。该阶段真菌持续6～12个月，随后发育为灰色。由栎树次木质枯枝病感染的枝干，由于受真菌侵染腐烂，较轻，易折断（图3.13～图3.16）。

图 3.13　栎树次木质枯枝病侵染弗吉尼亚栎早期

图 3.14　栎树次木质枯枝病晚期

图 3.15　栎树次木质枯枝病中期

图 3.16　栎树次木质枯枝病晚期

2. 病原菌

引起栎树次木质枯枝病的病原菌为 *Hypoxylon atropunctatum*。

3. 发病规律

真菌不需要通过自身的运动，而是死于栎树次木质枯枝病的树木通过根嫁接来随机感染健康树木。受环境胁迫如干旱、机械伤害的树木更易受到栎树次木质枯枝病的侵

北 美 橡 树

染。植株可能会在 1～2 年死亡。该真菌通常感染已被栎树枯萎病侵害的红栎和弗吉尼亚栎。该真菌孢子通过风媒和虫媒进行传播。

4. 防治方法

1）加强维护管理。

2）在 7、8、9 月对树木进行深层浇水，维持土层湿度。

3）清理感染树枝树干，远离健康树木。

4）对于部分感染的树枝，适时进行病枝清除处理，并对切口进行喷漆处理。

5）注意在处理病枝前后都需对修剪整枝工具进行消毒处理。消毒水配比是次氯酸钠和水以 1∶9 混合，可杀死栎树次木质枯枝病病原菌。

3.6.2.3 心腐病

所有栎树都易感染心腐病。该病通常对因风、雪、机械伤害或虫害而伤口暴露的老树、成年树危害严重。心腐病一般在树基部发病或蔓延至树干和大树枝。

1. 症状

火、风、雪等造成伤害的组织是心腐病理想的侵染部位。细菌和非腐烂型真菌沿着伤处首先侵染树木，使树木脱色。随后，腐烂型真菌进行入侵，毁坏树木内部。受害树木继续被心腐病病菌侵染，这些真菌最终在树表面继续生长，产生孢子，侵染其余树木（图 3.17，图 3.18）。

图 3.17 蜜环菌扇状垫　　　　　　　　图 3.18 蜜环菌真菌

2. 病原菌

引起心腐病的病原菌有 4 类：*Polyporus* spp.、*Poria* spp.、*Hericium* spp.、*Sterium* spp.。

3. 发病规律

心腐病是由多种真菌引发的疾病。一般对病树侵害严重。

4. 防治方法

1）保护树木免受伤害，并适时进行修剪整枝。

2）按期采伐，及时对受伤树木中的空洞进行填补。

3.6.2.4　蜜环菌根腐病

蜜环菌根腐病能影响并破坏形成层组织，导致树干基部与主根的死亡。该病非常具有侵略性，能感染多数木本植物。

1. 症状

地上部分症状为树型较小、树叶枯黄且过早落叶。树顶梢开始枯萎，树干基部出现簇状蜜色蘑菇状物。树干基部树皮下也发现真菌链形成的扇状垫。

2. 病原菌

引起蜜环菌根腐病的真菌主要是蜜环菌属（*Armillaria* spp.）真菌，属担子菌纲伞菌目真菌的一属。

3. 发病规律

在蘑菇状或真菌垫出现之前，所有导致枯梢的问题都易与该病相混淆。

4. 防治方法

蜜环菌可以存在于树桩中达 50 年之久。化学药物不能彻底根除真菌，并且也不经济。治理根部疾病最常见和最有效的方法是，在最后收割木材后重新种上当地抗病性强的树种。病源周围 15m 以内的树木都应该砍掉，易感染树种则应该种植在病源 30m 以外的地方。

3.6.2.5　栎树猝死病

栎树猝死病菌，在美国中西部尚未发现，但曾在加州和俄勒冈州报道过。主要分布于美国加利福尼亚州、俄勒冈州、佛罗里达州、乔治亚州、华盛顿州，以及加拿大的大不列颠哥伦比亚省、欧洲等国和地区。必须通过实验检测来确定引起栎树猝死病的真菌。该真菌有很多宿主并通过宿主的移动而迁移。红栎和沼生栎极易感染该真菌。

图 3.19　栎树猝死病

1. 症状

树干有深紫红色至黑色腐液从树皮表面裂缝流出，树叶、树枝枯死，甚至整树死亡（图 3.19）。

2. 病原菌

引起栎树猝死病的病原菌主要是 *Phytophthora ramorum*，隶属于藻界 Chromista，卵菌门 Oomycota，卵菌纲 Oomycetes，霜霉目 Peronosporales，霜霉科 Peronosporaceae，疫霉属 *Phytophthora*。

3. 发病规律

该真菌具有厚垣孢子和游动孢子的两种孢子类型，通过空气或雨水水流传播感染。厚垣孢子能抵抗恶劣环境并越冬。但是该病并不杀死所有的宿主。

4. 防治方法

1）尽早发现，实行隔离，去除染病部位或整树。

北 美 橡 树

2）种植隔离带。

3）使用亚磷酸盐杀菌剂注射至树干或喷洒在树干表面。

3.6.2.6 栎树枯萎病

所有栎树都易感染栎树枯萎病，红栎类比白栎类更易受到该病的感染。星毛栎极少受害。整株树感染，通常是致命性的。

1. 症状

叶脉褪色变黄，最终变为褐色坏死。树叶在几周内迅速脱落。树冠变得稀薄并无新叶长出。这些症状出现在春天或夏天。感染树树皮剥落或分枝砍掉后，可能在年轮外围有棕色或黑色污点。染病红栎树叶先是灰绿色，后变黄，最后变为棕色。通常在树叶变灰绿色后 7～30d，整树死亡（图 3.20，图 3.21）。染病树木通常活不过一个季度。大部分弗吉尼亚栎在染病后 60d 至 2 年内死亡。

图 3.20 感染栎树枯萎病的 弗吉尼亚栎叶

图 3.21 栎树枯萎病病叶及整树

2. 病原菌

引起栎树枯萎病的病原菌为 *Ceratocystis fagacearum*。

3. 发病规律

疾病的传播主要是通过根嫁接、根系和昆虫，偶有老鼠和松鼠传播。在春秋季，该病发展迅速。该病以病源为中心，呈辐射状，向边缘发展。

4. 防治方法

1）挖沟，采用土壤熏蒸剂对根系进行消毒。

2）控制病源，清理所有病树及病源周围树木。将病树用透明塑料袋盖住，防止昆虫飞出，在阳光下曝晒，直至晒死昆虫。再立即摧毁树木，不要用作柴火。

3）在 12 月，次年 1 月、2 月、3 月对染病区域进行修剪，并对伤口进行喷漆处理。

3.6.2.7　栎树降小病

有多种因素如干旱等可导致栎树降小病。健康树木不易受该病侵害。

1. 症状

染病树木生长缓慢，并且树叶较小。染病后，明显症状为树木顶梢不能正常生长。小枝死亡，使整个树冠稀薄。随后，大量枝干枯死。最后只剩唯一主干及少量丛生枝生长其上。外在压力会加剧树木的死亡。

2. 病原菌

由多种真菌相互作用引起，主要是 *Cephalosporum diospyri*。

3. 发病规律

过分干旱导致栎树受栎树降小病侵害。

4. 防治方法

1）一旦确诊为栎树降小病，需对其进行施肥、夏季深层灌溉、修剪并清除病死枝。

2）6～10月，采用噻菌灵对病树进行喷施，次年夏季再次喷施。

3.6.2.8　大果栎叶枯病

大果栎叶枯病仅感染大果栎，对其他栎树不感染。

1. 症状

早期症状在6月的叶背面叶脉处出现紫棕色斑点。7月，斑点扩大，紫色坏死叶脉明显，从叶正面也能看到。随后，叶片出现楔形坏死区域（图3.22，图3.23）。节点病变和叶脉坏死的扩展导致树叶枯萎死亡，但并不脱落，直至冬季正常健康大果栎落叶后再落叶。

图 3.22　楔形坏死叶

图 3.23　染病叶柄

2. 病原菌

引起大果栎叶枯病的病原菌为 *Tubakia iowensis*。

3. 发病规律

一旦感染该病后，每年都会发病。染病区域由树下部枝条开始向整个树冠发展。病

北 美 橡 树

菌以孢子形式藏于染病叶柄处越冬。4月底至5月，真菌孢子随着大雨的冲洗，感染新生树叶。

4. 防治方法

1）及时修剪并清除枯萎枝干。

2）在5月底或6月初，新叶长成时，对树干注射丙环唑。

3.6.3 叶部虫害

3.6.3.1 黄颈毛虫（*Datana ministra*）

1. 分布及为害

黄颈毛虫属鳞翅目，舟蛾科。分布于加拿大南部与美国落基山以东，西南至加州。幼虫以树叶为食，侵害苹果、栎树、桦木及柳树等植物。幼虫初孵后侵食叶下部组织，随后以整叶为食，除叶脉外。之后叶片掉落，不影响树木生长，但是危害其外观。

2. 形态特征

成虫：翅展约42mm（图3.24）。黄棕色。

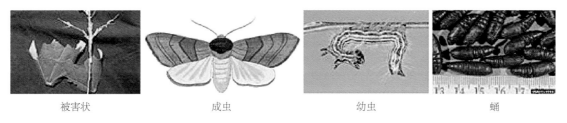

| 被害状 | 成虫 | 幼虫 | 蛹 |

图3.24 黄颈毛虫

幼虫：初孵幼虫为红黄相间的条纹，后转为黑黄条纹，有细小白色绒毛。头为黑色，头后有橘黄色横纹，体长约50mm。

蛹：红棕色，长椭圆形，长约2cm，宽约0.5cm，头部光滑，尾部有环痕。藏于地表以下5～10cm的土壤中。

3. 生活史、习性

在伊利诺伊州的南部，该虫每年繁殖两代，从6月底至9月，以大部分宿主的叶片为食。在伊利诺伊州北部，仅在8～9月繁殖一代。幼虫一经打扰，会举起头部及尾部呈"U"形。幼虫群居食叶。成熟幼虫随着树干爬入土壤中，在地底5～10cm处化蛹，并越冬。

4. 防治方法

1）保护利用天敌。

2）人工清除枯叶，修剪病枝，集中烧毁。

3）当幼虫较小时，在6～9月，喷洒杀虫剂。

3.6.3.2 跳栎瘿蜂（*Neuroterus saltatorius*）

1. 分布及为害

跳栎瘿蜂属膜翅目（Hymenoptera）瘿蜂科（Cynipidae）昆虫。主要分布于美国西部，以栎叶为食。白栎类栎树在春末出现棕色树叶，甚至变黑、卷曲并脱落。叶背面具棕色虫瘿，每个虫瘿内有瘿蜂的幼虫。虫瘿内幼虫的运动能使虫瘿在地上跳跃几厘米远。感染的树可能会落叶，但是极少能对栎树的健康产生致命性的后果。这是一种循环性的疾病（图3.25）。

图 3.25　跳栎瘿蜂

2. 形态特征

体形小，光滑，深色，幼虫常做瘿。成虫体长1～4mm，体形匀称。前胸两侧后伸与中胸翅基片相连，或仅隔一层薄膜。幼虫无足，蛆状，蛹无茧。

3. 生活史、习性

雌瘿蜂在春季从地上的虫瘿内爬出，并将卵产于新芽上。几周之后，在新叶上形成小泡状虫瘿。这些圆形、似种子的虫瘿成熟后脱离叶面。夏季，雌雄瘿蜂交配，雌瘿蜂将卵产于成熟叶片上。

4. 防治方法

1）在跳栎瘿蜂的虫瘿初发时，将有虫瘿的叶片摘除，及时清理远离植株，并及时将其烧毁，防止扩散危害。

2）用农药防治，可用酰胺硫磷290g、乙酰甲胺磷290g，加水125kg进行稀释，均匀地喷洒在叶片上，一般施后3d，虫瘿死亡率为100%。

3.6.3.3　舞毒蛾（*Lymantria dispar*）

1. 分布及为害

舞毒蛾，别名秋千毛虫、苹果毒蛾、柿毛虫，属鳞翅目，夜蛾总科，毒蛾科，舞毒

北 美 橡 树

蛾属。根据其地理分布和生活习性被分为亚洲种群、欧洲种群及北美种群。欧洲种群和北美种群同属于一个亚种，即欧洲亚种，主要分布于欧洲，1869年由欧洲传入美国。幼虫以叶为食，由叶缘向内啃噬，残留主叶脉。严重影响树木生长（图3.26）。

雄成虫　　　　　　　　　　幼虫　　　　　　　　　　孵卵

图3.26　舞毒蛾

2. 形态特征

雄成虫：体长约20mm，前翅茶褐色，有4、5条波状横带，外缘呈深色带状，中室中央有一黑点。触角棕黄色，栉齿褐色；下唇须棕黄色，外侧褐色；头部棕黄色，胸部、腹部和足褐棕色；体下面棕黄色。前翅浅黄色，布褐棕色鳞；基线为两个黑褐色点；亚基线黑褐色；内线黑褐色，波浪形；中室中央有一黑点；横脉纹黑褐色；中线为黑褐色晕带；外线黑褐色，锯齿状折曲；亚端线黑褐色与外线并行；亚端线以外色较浓；端线为一条黑褐色细线；缘毛棕黄色与黑色相间。后翅黄棕色，横脉纹和外缘色暗；缘毛棕黄色。前、后翅反面棕黄色，横脉纹和外缘色暗。

雌成虫：体长约25mm，前翅灰白色，每两条脉纹间有一个黑褐色斑点。腹末有黄褐色毛丛。翅黄白色微带棕色，斑纹同雄蛾。后翅横脉纹与亚端线棕色，缘毛黄白色，有棕黑色点。

卵：扁圆形，直径约1.3mm，初产为杏黄色，后变为紫褐色。数百粒至上千粒产在一起形成卵块，其上覆盖有很厚的黄褐色绒毛。

幼虫：老熟时体长50～70mm，头黄褐色有"八"字形黑色纹，体黑褐色。背线与亚背线黄褐色。前胸至腹部第二节的毛瘤为蓝色，腹部第三至八节的6对毛瘤为红色。

蛹：体长20～26mm，纺锤形，红褐色。体表在原幼虫毛瘤处生有黄色短毛。臀棘末端钩状突起。

3. 生活史、习性

舞毒蛾在世界各地均是1年1代，从8月至翌年4月，以完成胚胎发育的幼虫在卵内越冬，幼虫及蛹期较短，4月下旬或5月上旬幼虫孵化，孵化的早晚与卵块所在地点的温度有关。幼虫孵化后群集在原卵块上，气温转暖时上树取食幼芽，1龄幼虫能借助风力及自体上的"风帆"飘移很远，可达1.6km。2龄以后白天潜伏在落叶及树上的枯叶或树皮缝隙里，黄昏后出来取食，低龄幼虫受惊后吐丝下垂，后期幼虫有较强的爬行转移危害能力，能吃光树叶。幼虫历时1.5个月，雄幼虫5龄，雌幼虫6龄，6龄幼虫长度可达6cm，刚毛达1cm。6月中旬幼虫老熟，于枝叶间、树干裂缝处、石块下吐少量丝缠绕其身化蛹。6月下旬至7月上旬化蛹最多，蛹期12～17d。成虫自6月底开始羽化，7月中、下旬为盛期。

4．防治方法

（1）人工采集幼虫法

对于小面积严重发生地，可采用此法控制舞毒蛾的产生大的危害。

（2）人工采集卵块法

舞毒蛾卵期长达9个月，容易人工采集并集中销毁。

（3）烟剂防治

每年的5月下旬至6月上旬，在舞毒蛾幼虫3龄期左右进行化学烟剂防治，放烟一般在清晨或傍晚出现逆温层时进行，烟点之间的距离为7m，烟点带间的距离为300m，如果超过300m，则应补充辅助烟带。在放烟时一定要按照烟剂安全操作规程操作，放烟过程中注意防火，防止引起森林火灾。注意烟剂应以生物农药为主，降低化学农药对环境的破坏作用。但在必要时也可以使用化学药剂进行紧急压低虫口密度，减轻灾害损失。

（4）喷雾喷烟防治

主要防治幼虫，在人工采集舞毒蛾卵块后，卵密度仍较高的地点，在卵孵化高峰期进行喷雾防治1龄幼虫，注意要在舞毒蛾卵孵化高峰期进行防治。在林内防治时，在3龄幼虫期，可以利用苏云金杆菌BtMP-342菌株进行喷雾防治，1.8%阿维菌素或者0.9%的阿维菌素乳油喷烟或喷雾防治，或用其他的生物农药喷雾喷烟防治。喷烟机主要用江苏南通生产的3WF型喷烟机。喷烟防治具有防火、安全、高效等优点。利用这项技术对防治食叶害虫效果较好。

（5）灯光诱杀

及时掌握舞毒蛾羽化始期，预测羽化始盛期，并在野外利用黑光灯或频振灯配高压电网进行诱杀，出灯时应以2台以上为一组，灯与灯之间的距离为500m，可以取得较好的防治效果。在灯诱的过程中，一定要注意对灯具周围的空地进行喷洒化学杀虫剂，及时杀死诱到的各种害虫的成虫。

（6）性引诱剂诱杀

舞毒蛾成虫具有强的趋化性，特别是对雌蛾释放出的性信息素，根据这一特点可利用人工合成的性引诱剂诱杀舞毒蛾成虫。性引诱剂诱杀与灯诱不同的是，其具有专一性，即只对舞毒蛾有效果，所以能够集中歼灭。

（7）保护利用天敌

卵期寄生天敌主要是大蛾卵跳小蜂（*Doencyrtus kuwanal* Howard），幼虫期天敌主要是绒茧蜂、寄蝇；蛹期天敌主要有舞毒蛾黑瘤姬蜂、寄蝇等。

3.6.4 枝干虫害

3.6.4.1 双纹长吉丁虫（*Agrilus bilineatus*）

1．分布及为害

双纹长吉丁虫属吉丁科，分布于加拿大沿海省份，西至落基山，南至美国佛罗里达州和得克萨斯州。宿主主要为：北美白栎、猩红栎、大果栎、北部沼生栎、板栗、红栎、星毛栎、黑栎及弗吉尼亚栎。该成虫主要袭击受干旱胁迫或生长受抑制的栎树。夏末，受害植株所表现的症状为分枝上的树叶枯萎。树叶变褐色后仍在树上宿存几周至1个月。染病后枝条死亡，次年不发新叶（图3.27）。

   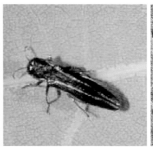 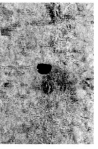

被害栎树　　　　　幼虫　　　　　幼虫及虫道　　　　　成虫　　　　"D"形虫洞

图 3.27　双纹长吉丁虫

2. 形态特征

成虫体形细长，黑色，5mm～1.3cm 长，背上具 2 条金色模糊条带。

幼虫为白色，体形细长，约 2.5mm 长，腹部顶端具 2 个突起。

3. 生活史、习性

在伊利诺伊州南部，成虫在 4 月底最为活跃，而北部在 6 月初最为活跃。每年繁殖一代。有些地区需要 2 年时间完成幼虫的发育，而北方地区能延长昆虫的生命周期。双纹长吉丁虫出生于树皮上 5mm 宽的"D"形虫道内。成虫飞至栎树树冠上，以树叶为食。后转移至树枝和树干，进行交配。雌虫将卵产于树皮裂缝处。幼虫将在 1～2 周孵化。幼虫从树皮钻进维管束区域，危害树木木质部、维管束、韧皮部。幼虫在夏初至秋季，经过 4 个龄期，一般在 8 月或 10 月达到成熟，幼虫钻出，在树皮外层上建造越冬小室。卵期出现在第 2 年春天。

4. 防治方法

1）提高树木生长活力，以减少双纹长吉丁虫的侵害，及时抚育间伐。

2）保护引进天敌 *Phasgonophora sulcata*、*Picoides pubescens* 和 *Picoides villosus*。

3.6.4.2　多毛天牛（*Anelaphus villosus*）

1. 分布及为害

多毛天牛为鞘翅目 Coleoptera，天牛科 Cerambycidae 昆虫。分布广泛，以很多经济树种为宿主，偏爱栎树。以幼虫在边材凿成光滑虫道，环绕枝干，常引起风折，导致约 1m 的枝条断裂（图 3.28）。

2. 形态特征

成虫体长约为 13mm，体形细长，灰黄色，具长触角，触角前几节及前翅尖端有刻点，突出成刺状。

图 3.28　多毛天牛幼虫及其为害

3．生活史、习性

春季新芽萌动之际，成虫多毛天牛出现。雌性多毛天牛在小枝顶端附近叶轴的树皮上凿洞，并产卵。幼虫在小枝内生成，以小枝内汁液为食，向小枝基部以虫-隧行进。夏末，幼虫成熟，开始集中从小枝中心向外凿食小枝，最终只留有薄薄一层外树皮。幼虫再回到小枝内继续以汁液为食。通常，直径为 1.3～5cm 的被侵害枝条会在短时间内折断并掉落。秋季，平滑凹形小枝堆积于被侵害树木之下。幼虫仍会以其为食，在掉落的小枝或枝干内以卵越冬。多毛天牛一年繁殖一代。

4．防治方法

及时清理受侵害掉落的枝条，集中焚毁。消灭枝条内的幼虫。

3.6.4.3　绕枝沟胫天牛（*Oncideres cingulata*）

1．分布及为害

绕枝沟胫天牛又称割枝天牛，属鞘翅目天牛科。分布于美国东部至南部得克萨斯州和亚利桑那州。为害很多树种，尤以栎树为盛。

2．形态特征

成虫：绕枝沟胫天牛体长 1.2～1.7cm，体形矮胖，灰棕色，在前翅上有浅色条带，触角比体长长，每触角有 11 节。

卵：长椭圆形，约 2.5mm，乳白色。雌成虫产于树皮内。

幼虫：白色，无足，长 16～25mm，肛节明显。

蛹：长 16～25mm，角、足及前翅可见。乳白色，临近变形时加深。

3．生活史、习性

绕枝沟胫天牛一年繁殖一代。大部分时间以幼虫形式存在。成虫成熟于 9 月，并为害整个秋季。凿食小枝顶端树皮。9 月中旬至 11 月，绕枝凿食并产卵。雌成虫在小枝上咬出"V"形刻痕，残留枝条中心部分连接。几小时即可残害一个小枝，每只雌成虫残害数个小枝。被害小枝直径通常为 9～10mm。卵产于被害小枝的树皮内。雌成虫切开树皮一个小口并产一个卵，用特殊的物质将其封口，封口处有光泽。产卵处通常为叶芽处或枝芽处。树皮下产卵处常有横向标记，与咬痕相似。整个枝条都会被产卵，但是否被产卵取决于枝条的直径。被害枝条通常折断掉落，但少量会留存于树上一年。卵孵化需 20～25d，在 10 月，大部分在秋季孵出。未孵化的卵会越冬，在第 2 年 3 月初孵化出来。幼虫在小枝内钻隧道并以汁液为食。8 月中旬至 9 月中旬长成成熟幼虫。随着其发育，幼虫在小枝内凿洞，堆蛀屑和木屑。成熟幼虫用木屑将虫道填满，然后成蛹。蛹转化为成虫需 10～14d，但是新成形的成虫仍会潜伏在虫道内好几天。8 月中旬至 9 月，在掉落于地上的小枝内可发现蛹和新转化的成虫。9 月上半个月，新成虫从老的环切枝内出来，开始新一轮的繁殖（图 3.29）。

4．防治方法

及时清理受侵害掉落的枝条，集中焚毁。消灭枝条内的幼虫。

北 美 橡 树

成虫　　　　　　　　卵　　　　　　　　幼虫

蛹　　　　　　　　被害状　　　　　　　被害状

图 3.29　绕枝沟胫天牛

3.6.4.4　金斑栎木蠹（*Agrilus coxalis auroguttatus*）

1. 分布及为害

金斑栎木蠹属鞘翅目 Coleoptera 吉丁科 Buprestidae。原产于美国亚利桑那州东南部，最近扩展至加州南部。虽然在其原产地美国亚利桑那州为害并不严重，但是曾在美国加州圣地亚哥突然大量出现，造成大面积栎树死亡。只侵害红栎类栎树。幼虫凿食栎树维管束，导致树木死亡（图 3.30）。

成虫　　　　　　　　幼虫　　　　　　　　为害状

图 3.30　金斑栎木蠹

2. 形态特征

成虫体长约 9.5mm，体形细长，黑色，鞘翅上有 3 对金色斑点。幼虫乳白色。

3. 生活史、习性

生活史与双纹长吉丁虫相似，成虫在树皮上凿出 3mm 宽的"D"形虫洞。成虫飞至栎树树冠上，以树叶为食。后转移至树枝和树干，进行交配。雌虫将卵产于树皮裂缝处。幼虫将在1～2周内孵化。幼虫从树皮钻进维管束区域，危害树木木质部、维管束、韧皮部。幼虫在夏初至秋季，经过4个龄期一般在8月或10月达到成熟，幼虫钻出，在树皮外层上建造越冬小室。卵期出现在第2年春天。

4. 防治方法

1）提高树木生长活力，以减少其侵害。及时抚育间伐。

2）保护引进天敌 *Phasgonophora sulcata*、*Picoides pubescens* 和 *Picoides villosus*。

3）在成虫出现前1～2周，向树枝枝干、树干喷洒杀虫剂胺甲萘、毒死蜱、林丹等，每两周一次。

4）对染病树木及时伐倒，染病枝条及时修剪。

3.6.4.5 长角栎瘿蜂（*Callirhytis cornigera*）

1. 分布及为害

长角栎瘿蜂属膜翅目（Hymenoptera）瘿蜂科（Cynipidae）。分布于美国乔治亚北部至加拿大南部，美国佛罗里达州也有分布。在所有栎树中都有发现。长角栎瘿蜂虫瘿具有突出的小角。为害栎树叶、小枝和枝干，虫瘿木质化，直径5～20cm，角长0.3～0.6cm。虫瘿形成初期不明显，周皮组织肿瘤状隆起，绿棕色，表面光滑，仅有皮孔。后期小角突出，偶有脱落，木质化。枝瘤导致枝干坏死，影响树木生长，严重感染将致死。

2. 形态特征

雌成虫红棕色，腹部颜色稍深，背部棕黑色。雌成虫产卵于45°角的小枝上。翅为黄色，2mm长。

3. 生活史、习性

在纽约，5～6月，孤雌生殖的雌性成虫从小枝虫瘿内破角而出。这些雌成虫产卵于叶背面的叶脉上。叶脉上的小虫瘿成熟于5月底至6月。雌雄成虫在7月初从叶脉虫瘿内爬出。交配后的雌成虫产卵于幼嫩栎树枝条上。枝瘤将在第2年春季出现。在枝瘤内，不成熟的瘿蜂需要2～3年时间发育完成。虫瘿为幼嫩瘿蜂提供食物和保护。在虫瘿内，幼虫被含营养物质的组织所包围。幼虫达到成熟时，虫瘿上的角极其明显，幼虫破角而出（图3.31）。

  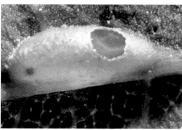 

| 成虫 | 被害状 | 叶脉上虫瘿 | 被害状 |

图3.31 长角栎瘿蜂

4. 防治方法

1）尽早修剪幼树上的感染枝，以免影响树形。

北 美 橡 树

2）保护利用天敌寄生黄蜂。

3.6.4.6　通风栎瘿蜂（*Callirhytis quercuspunctata*）

1. 分布及为害

通风栎瘿蜂属膜翅目（Hymenoptera）瘿蜂科（Cynipidae）。分布于美国乔治亚北部至加拿大南部。与长角栎瘿相似，但通风栎瘿虫瘿没有突出的小角。为害栎树叶、小枝和枝干。枝瘤导致枝干坏死，影响树木生长，严重感染将致死（图 3.32）。

图 3.32　通风栎瘿蜂

2. 形态特征

雌成虫红棕色，腹部颜色稍深，背部棕黑色。雌成虫产卵于 45°角的小枝上。翅为黄色，长 2mm。

3. 防治方法

1）尽早修剪幼树上的感染枝，以免影响树形。

2）保护利用天敌，寄生黄蜂。

第四章　北美橡树主要品种的形态识别

　　橡树又名栎树，是气候温和地带的乔木和灌木，全世界约有 600 种。从白垩纪开始，栎树就已占领了北美非冰川地域。有 50 种栎树是 2/3 的美国东北部森林植被类型代表种，占乔木林的 68%（191 000 000hm²）。

　　民间传说，栎树在建筑、食品、医药、燃料等方面都具有显著的作用。美国原居民曾将栎树果实作为食物，将树内皮作为药用。栎属，包括具有重要经济价值的阔叶树，在营建分水岭、娱乐及野生动物管理等目标方面起着重要作用。

图 4.1 成熟栎树树皮，大果栎（*Q. macrocarpa*）
（照片由 G. Sternberg 提供）

为识别和判断原产于美国的栎树，本章为鉴别栎树提供了图解说明及其使用方式说明。栎属通常分成为两个主要类型：红栎和白栎。红栎属于 *Erythrobalanus* 亚属，其叶裂片顶端和叶顶端具有刚毛；果实成熟需要两个生长季（2 年）；年龄的重叠可以通过比较当年生和第 2 年生的小枝生长状况看出；壳斗上的鳞片薄，扁平，基部不具有愈伤组织，壳斗内具有绒毛；红栎的心木通道畅通，能够吸收液体，木质防腐剂的渗透功能就是利用该特性；树皮灰色、黑色或黑褐色。白栎属于 *Leucobalanus* 亚属，其叶子的裂片或叶端不具有刚毛；一些种（哈佛栎 *Q. havardii*、矮生栎 *Q. minima*、维西栎 *Q. vaseyana*）的裂片形成短而小的尖头，称为短尖；果实成熟需要一个生长季（1 年）；壳斗上的鳞片厚，通常具有 1 个龙骨，基部具有愈伤组织，壳斗内光滑无毛；树皮灰色、灰白色或具乳白色。白栎心木具有阻塞的通道，水不可渗，制酒业利用这一特性来制作酒用桶。

首先，确定未知的树是否是栎树。最好的鉴定方法是看树下有没有橡子及壳斗。其次，确定树是高地栎树还是低地栎树。在判断一种栎树原生于哪里时，土壤湿度是一个重要的因素。林学家通常将林地分为低地和高地两种，高地在海拔上高于低地，常是排水良好的丘陵地。低地通常是整年或一年的某些时间处于湿润状态的地，包括临近溪流、河流和沼泽的地区。也要注意树木有时会偏离原生地。一些低地栎树，如柳栎、水栎和针栎能够在高地生长，且它们常种植于庭园旁。

图 4.2　左边为白栎结果枝、右边为红栎结果枝

一株树最明显的特征包括叶子、果实和树皮。这里会列举一些使识别树变得更简单的小诀窍。有时候，差异很微小，需要借助一些专业的帮助。

一些有帮助的词汇定义如下。

裂片：叶片被空间或裂弯分成的圆形部分。

裂弯：两个裂片间的空间。

被短柔毛的：短的，好的，柔软的毛。

北 美 橡 树

尖端：指叶片、叶裂片、果实的顶点或尖部。

中脉：叶片中心的、主要的叶脉。

叶柄：连接叶片与枝条的部分。

壳斗：坚果的帽子，见图4.2。

披针形的：长的，狭窄的，像矛的尖端。

4.1 北美橡树叶的主要形态特征

北美栎树树种的鉴别主要依靠叶的主要形态特征（图4.3），栎树叶的形态特征可以通过以下几方面进行描述：叶片是否具有裂片、裂弯的深度、叶缘是否全缘或具有锯齿、叶及裂片顶端是否具有刚毛、叶中脉是否明显、背叶脉腋下是否簇生绒毛、叶基部是否下延及叶柄长短等。

北美栎树依据叶的形态特征可分为两大类：白栎和红栎。白栎叶、全缘、锯齿状或波状，或者具有浅裂片或深裂弯；裂片和顶端不具有坚硬的刚毛，无裂片的叶子虽然顶端没有刚毛但有短尖或呈棘状（图4.4，附表1）；果实在1个季节成熟；壳斗内光滑；果实甜，常秋季发芽；树皮灰色、灰白色或具乳白色。

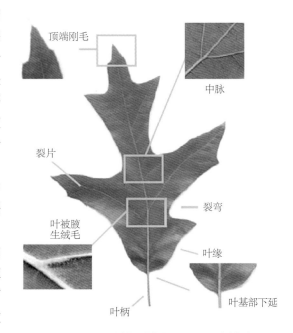

图4.3 北美栎树叶的主要形态描述

图4.4 北美白栎叶的主要形状特征

红栎的叶多数全缘或具有浅裂片或深裂弯；裂片和顶端长有坚硬的刚毛（图4.5，附表2）。果实在2个生长季的末期成熟；壳斗内羊毛状或丝绸状；果实味苦，春天发芽；树皮灰色、黑色或黑褐色。

图4.5 北美红栎叶的主要形状特征

4.2 北美橡树分类检索表

1. 叶和叶裂无须伸展或全缘，橡子当年成熟（白栎组）
  2. 中型或大乔木
    3. 叶缘全缘或有波纹状
      4. 叶全缘
        5. 叶顶端具波纹，叶柄短，壳斗占坚果的1/3 …… 奥格尔索普栎 *Q. oglethorpensis*
        5. 叶厚质，边缘反卷，叶柄长，壳斗占坚果的1/4～1/2…… 弗吉尼亚栎 *Q. virginiana*
      4. 叶缘微波或有锯齿
        6. 叶缘有锯齿
          7. 具有10～20对浅裂片，壳斗占坚果的1/3 …………………… 沼生白栎 *Q. bicolor*
          7. 具有10～14个圆形锯齿，壳斗占坚果的1/3～1/2 ………… 栗栎 *Q. montana*
        6. 叶缘微波状
          8. 叶3～9浅裂，壳斗占坚果的1/3～1/2………………… 巴斯德白栎 *Q. austrina*
          8. 叶8～14对锯齿
            9. 叶9～14对圆形锯齿，壳斗占坚果的1/2 ………… 沼生栗栎 *Q. michauxii*
            9. 叶8～13对急尖或短尖碗状锯齿，壳斗占坚果1/4～1/2
            ………………………………………………………… 清扩平栎 *Q. muehlenbergii*
    3. 叶有裂片
      10. 叶3～6裂片
        11. 叶3～5对裂片钝或急尖，壳斗几乎包着整个坚果 ………… 琴叶栎 *Q. lyrata*
        11. 叶4～6裂片，中部以上3裂，壳斗包着1/2的坚果 ……… 沼生柱杆栎 *Q. similis*
      10. 叶5～9裂片
        12. 叶5～9对裂片，壳斗占坚果的1/4～1/3 …………………北美白栎 *Q. alba*
        12. 叶5～7对裂片
          13. 裂片对生，中间裂片较大呈方形，壳斗占坚果的1/4～2/3 柱杆栎 *Q. stellata*
          13. 裂片卵形而钝，壳斗占坚果的1/2～7/8 ………… 大果栎 *Q. macrocarpa*

北 美 橡 树

2. 小乔木或灌木

  14. 叶有 3～5 裂片，壳斗占坚果的 1/2 ························博因顿栎 *Q. boyntonii*

  14. 叶全缘或微波状

   15. 边缘反卷

    16. 树皮深灰色，脊状凸起，内部橙红色 ············ 得克萨斯栎 *Q. fusiformis*

    16. 树皮深褐色至黑色，具鳞片块状 ·················· 沙栎 *Q. geminata*

   15. 边缘不反卷

    17. 壳斗占坚果的 1/8～1/4

     18. 叶厚革质，砂纸感，粗糙有锯齿 ··············· 砂纸栎 *Q. pungens*

     18. 全缘或有裂片

      19. 叶 3～9 圆裂片，浅弯曲，基部楔形或细小 ······· 巴斯德栎 *Q. sinuata*

      19. 叶顶端有棘状有 6～10 个浅裂片，裂片急尖，基部钝形 ······维西栎 *Q. vaseyana*

    17. 壳斗占坚果的 1/3～1/2

     20. 叶缘微波状或平展

      21. 叶端多有浅裂片，叶背浅灰色或黄色，有黄色绒毛 查普曼栎 *Q. chapmanii*

      21. 丛生灌木，叶缘或平展，叶背浅绿具白色绒毛 ········ 矮生栎 *Q. minima*

     20. 叶缘微波或有锯齿

      22. 叶有圆形锯齿

       23. 叶面浅绿，叶背密被茶色绒毛，具 2～3 对锯齿 ····· 哈佛栎 *Q. havardii*

       23. 叶面深绿，叶背浅绿色微有绒毛，具 3～8 对锯齿 ···············
       ·······························矮生清扩平栎 *Q. prinoides*

      22. 叶无锯齿

       24. 嫩叶背具白色绒毛，老叶背面光滑，壳斗占坚果的 1/3 ··· 莱西栎 *Q. laceyi*

       24. 叶背灰色具绒毛，壳斗占坚果的 1/2 ············· 莫尔栎 *Q. mohriana*

1. 叶和叶裂具须状伸展，橡子第 2 年成熟（红栎组）

 25. 中型或大乔木

  26. 叶缘全缘无裂片

   27. 橡子无柄，壳斗鳞片内多具绒毛 ············· 月桂叶栎 *Q. hemisphaerica*

   27. 橡子有短柄或近无柄

    28. 叶缘外卷，叶背浅绿至褐色，覆有整齐绒毛 ··········· 木瓦栎 *Q. imbricaria*

    28. 叶具 3 裂或稀短硬毛，叶背光滑

     29. 坚果具有模糊条纹

      30. 叶微波状或稀有短硬毛，壳斗占坚果的 1/3，碟状 ·········· 柳栎 *Q. phellos*

      30. 叶端 3 裂，中部以上羽状分裂，叶背灰白，壳斗占坚果的 1/4····· 水栎 *Q. nigra*

     29. 叶薄质，顶端急尖具刚毛，或 3 裂，壳斗 1/4 ········沼生月桂叶栎 *Q. laurifolia*

  26. 叶具有裂片

   31. 树皮内侧有明显的橙色

    32. 叶 5～9 裂

33. 树皮内侧黄色或橙色，叶基部楔形或钝形，壳斗占坚果的 1/2 ··· 黑栎 *Q. velutina*

33. 叶基部截形

34. 树皮橙红色，坚果顶端具有同心圆环纹 ··················· 猩红栎 *Q. coccinea*

34. 树皮橙色，叶 5～7 深裂，叶背灰白，顶端稀有环纹 ····· 北方针栎 *Q. ellipsoidalis*

32. 叶 3～7 裂

35. 叶顶端 3 浅裂，其余全缘，树皮内侧橙黄色 ······· 阿肯色栎 *Q. arkansana*

35. 叶具 3～7 深裂，中间裂片较长，坚果具有明显的间隔纹 ···南方红栎 *Q. falcata*

31. 树皮内无橙色

36. 叶背灰白

37. 叶 7～11 裂，树皮明显的灰白或白色片状，壳斗占坚果的 1/2 ·············
··· 北方红栎 *Q. rubra*

37. 叶 5～11 裂，坚果具条纹

38. 叶 5～11 裂，叶背灰白具绒毛，次生脉明显 ········· 樱皮栎 *Q. pagoda*

38. 叶 5～9 裂，叶背灰白光滑或蓝绿色 ··········· 舒马栎 *Q. shumardii*

36. 叶背浅绿

39. 叶 5～11 裂，每裂片具 1～3 个刚毛锯齿，中部裂片对生 ·············
··· 得克萨斯红栎 *Q. texana*

39. 叶 5～7 裂，裂片顶端急尖具刚毛

40. 主要裂片弯度呈 "U" 形，顶端具 1～3 个刚毛锯齿，坚果具条纹 ·····
··· 针栎 *Q. palustris*

40. 叶端急尖，次生脉明显，坚果稀疏绒毛 ·········· 枫叶栎 *Q. acerifolia*

25. 小乔木或灌木

41. 叶缘全缘无裂片

42. 叶缘反卷或波状

43. 叶厚革质，橡子有柄，壳斗占坚果的 1/4～1/3，球状··· 默特尔栎 *Q. myrtifolia*

43. 叶背少许凸起，壳斗占坚果的 2/3，呈深碟状 ··············· 转轮栎 *Q. pumila*

42. 叶面凸起，中脉散生绒毛，叶背稀疏绒毛并有真菌囊 ·····佛罗里达栎 *Q. inopina*

41. 叶具有裂片

44. 叶 7～9 裂，12～35 芒，叶背浅绿至铜绿 ············· 巴克利栎 *Q. buckleyi*

44. 叶 3～7 裂

45. 树皮红色，叶背浅绿有红色绒毛 ··················· 火鸡栎 *Q. laevis*

45. 树皮无红色

46. 新叶 2～3 裂，老叶全缘，碗状壳斗占坚果的 1/2 ········· 短叶栎 *Q. incana*

46. 叶至少 3 裂

47. 叶 5 深裂，叶背浅绿，密被绒毛，壳斗占坚果的 3/4 ·············
··· 沙生柱杆栎 *Q. margaretta*

47. 叶 3～7 裂，壳斗占坚果的 1/3～1/2

48. 叶背褐色，有绒毛，逐渐变为光滑黄绿色，壳斗陀螺状 ··················

　　　　　　　　　　　　　　　　　　　　　　 黑夹克栎 *Q. marilandica*

48. 叶背浅绿，具绒毛

　49. 叶 3～5 裂，腋下簇生绒毛，壳斗碟状，占坚果的 1/3 ⋯⋯⋯⋯⋯

　　　　　　　　　　　　　　　　　　　　　　 乔治亚栎 *Q. georgiana*

　49. 叶 3～7 裂，微波状，叶背密被绒毛，壳斗占坚果的 1/2 ⋯ 熊栎 *Q. ilicifolia*

图 4.6　栎树在城市生长效果

4.3　北美橡树种类形态识别

4.3.1　红栎组

4.3.1.1　枫叶栎 *Quercus acerifolia* Stoynoff & Hess, Maple leaf oak（图 4.7）

　　中小乔木，高达 15m。树皮深灰色至黑色，具有浅槽；叶宽椭圆形，长 10～15cm，宽 7～14cm，具 5～7 裂，裂片顶端急尖有刚毛，基部截形至钝形，叶顶端急尖；叶面光滑绿色，叶背浅绿色，脉间腋生绒毛，叶两面的次生脉非常明显；叶柄光滑，长 1.5～4.5cm；顶芽椭圆形，灰色至灰褐色；橡子 2 年成熟，基部 1/4～1/3 被浅褐色碟状具有毛状鳞片的壳斗包着，里面栗褐色，坚果具有毛状环印，椭圆形坚果具有稀疏绒毛，长约 2cm；小枝灰色至灰褐色，稀疏有茸毛。

图 4.7　枫叶栎叶的形态特征

4.3.1.2　阿肯色栎 *Quercus arkansana* Sargent, Arkansas oak（图 4.8）

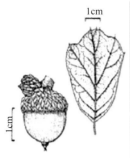

中型乔木，树冠较窄狭长，高达 29m。树皮黑色带深槽，树皮内层橘黄色；小枝褐色带灰白绒毛且密布黄褐色皮孔；顶芽栗褐色，卵圆形，芽鳞边缘稀疏有纤毛；叶倒卵形，长 5～15cm，宽 3.5～10cm，叶全缘，具 3 裂，顶端多具刚毛，可达 10 个刚毛，裂片圆形且微波状，叶

图 4.8　阿肯色栎：叶、橡子、树皮的形态特征

面光滑黄绿色，叶背浅绿且叶脉腋簇生绒毛；橡子 2 年成熟，较薄、褐色、壳斗高脚杯状且鳞片具有绒毛，内部具有零星至明显的绒毛，基部 1/4～1/2 被壳斗包着，坚果椭圆形，长 1.6cm，成熟的坚果呈褐色至黑色，具有模糊的条纹。

4.3.1.3　巴克利栎 *Quercus buckleyi* Nixon and Dorr, Buckley oak（图 4.9）

小乔木，高可达 19m。树皮灰色光滑至黑色具有槽；小枝光滑，呈灰色至褐色，顶芽灰色至红褐色，顶端芽鳞有纤毛，芽长 0.6cm；叶柄光滑，长 1.9～4.4cm；叶宽椭圆形，长 10cm，宽 11.1cm，基部截形，7～9 裂，12～35 芒，裂片远离中脉方向逐渐加宽，顶端急尖至渐尖，叶面光泽绿色，叶背浅绿至铜绿色，具有茸毛，叶脉两面明显可见；橡子 2 年成熟，杯状，鳞片光滑至零星茸毛，内部光滑，基部 1/3～1/2 被壳斗包着，光滑或稀疏有茸毛，坚果宽卵圆形，长 1.9cm。

图 4.9　巴克利栎叶、橡子和树皮颜色

4.3.1.4　猩红栎 *Quercus coccinea* Muenchhausen, Scarlet oak（图 4.10）

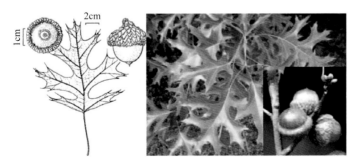

图 4.10　猩红栎叶、橡子的形态特征

高大乔木，高达 22 m，宽可达 15m，野生的高达到 36.6m，生长快，枝条向下或下垂，树干基部膨大，留有死枝，早期树形呈圆形，后期树冠呈对称圆形。叶椭圆至长椭圆形，长 7.0～15.9cm，宽 7.6～13cm，基部截状，少有

北　美　橡　树

宽楔形，5～9裂，裂片顶部具有短硬毛，叶面具深绿光泽，叶背光滑有亮泽且腋生簇状绒毛，有时叶脉处也有簇状绒毛，主要裂片呈"C"形；叶柄长1.9～6.0cm，呈黄色且光滑。芽鳞片状宽卵形，长0.6～0.9cm，呈橄榄球形，芽尖较钝，下部呈深红褐色且光滑，中上部灰白具绒毛；橡子2年成熟，长1.3～2.5cm，单生或成对，短柄，卵形或半球形，红褐色，稀有条纹，顶部或尖部具有同心圆环纹，基部1/3～1/2处有1个碗状的壳斗；小枝浅褐色至红褐色，光滑，点缀着小而灰白的皮孔，棱状，老枝绿色有光泽，树皮内部红色至橙红色。

4.3.1.5 北方针栎 *Quercus ellipsoidalis* Hill, Northern pin oak（图4.11）

中型乔木，高可达20m，稀有40m，窄树冠。树皮深灰褐色，具有浅裂纹，产生薄片状，树皮内部橙色；小枝初始具有绒毛，然后逐渐变光滑呈红褐色；顶芽鲜红褐色且鳞片边缘具有纤毛，横切面浅棱状；叶柄光滑，长1.9～5.1cm；叶椭圆形，长7～13cm，宽5～10cm，基部截形，顶端急尖，叶缘具有5～7深裂，裂片深度超过从叶缘到中脉的1/2，裂片顶端具有刚毛状尖锯齿，叶面亮浅绿，叶背灰白，沿中脉腋下簇生极小的绒毛；橡子2年成熟，壳斗外部灰褐色或红褐

图4.11 北方针栎叶和橡子形态特征

色且具有绒毛，内部浅褐色，光滑，基部1/3～1/2被壳斗覆盖着，椭圆形至卵圆形，长1.3～1.9cm，中心顶部稀有环纹。

4.3.1.6 南方红栎 *Quercus falcata* Michaux, Southern red oak（图4.12）

高大乔木，高可达21～24m，野生的可达45m，生长迅速，树干短，树冠圆形。叶倒卵形至卵形，长10.1～29.8cm，宽6.0～15.9cm，，叶尖具3浅裂片或3～7深裂，常呈钩状或弯月形，裂片具有1～3个刚毛锯齿，中间裂片一般长于两侧裂片，顶端渐尖或钩状，基部"U"形；叶面有深绿色光泽，叶背灰绿覆有绒毛且逐渐变为褐色，叶柄长2～6cm，常呈黄色，光滑或散生绒毛；芽呈鳞片状或覆瓦状，长约0.6cm，卵形急尖，暗棕红色，顶部密生绒毛至基部减少；橡子2年成熟，长0.9～1.6cm，近球形，单生或对生，坚果基部覆有1个较浅的壳斗，坚果表面具有明显的间隔性条纹，呈浅或深褐色至红褐色的平行线；小枝红褐色，具有绒毛，髓心星状；树皮深灰色，具有沟槽和鳞片状，内部橙色。

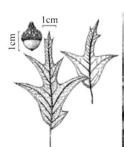

图4.12 南方红栎叶、橡子和树皮形态特征

4.3.1.7　乔治亚栎 *Quercus georgiana* Curtis, Georgia oak（图 4.13）

小乔木，生长势较慢，高可达 8m，稀有 23m，树冠紧凑密实。树皮灰色至浅褐色，成熟时鳞片状；小枝光滑呈红色，密布浅褐色皮孔；顶芽红褐色，卵圆形，具光滑鳞片或有纤毛；叶柄长 0.6～2.2cm，稀有绒毛；叶宽椭圆形，薄质，长 3.8～13cm，宽 1.9～8.9cm，基部楔形或钝形，叶缘 3～5 裂，裂片顶端尖锐具刚毛，叶面绿色具有光泽，叶背浅绿，叶脉腋下簇生绒毛；橡子 2 年成熟，短柄、壳斗薄质、纺锤状外，面稀

图 4.13　乔治亚栎叶和橡子

有绒毛，内部光滑，包着坚果基部的 1/3，褐色近球状坚果，长 1.0～1.3cm。

4.3.1.8　月桂叶栎 *Quercus hemisphaerica* Bartram ex Willdenow, Laurel oak（图 4.14）

中型至大型常绿乔木，生长年限较短，高可达 30m。树皮深褐色，具有深槽且产生平脊；小枝光滑，褐色至深红色；顶芽卵圆形，红色至紫褐色，芽鳞片边缘光滑或具有纤毛；叶柄短而光滑，长 0.6cm；叶狭卵形至椭圆形，长 2.9～12.1cm，宽 1.0～3.8cm，革质，基部钝形或圆形，全缘或近顶端具有浅裂片，两面光滑或叶背稀有较小的簇生腋

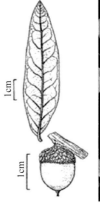

图 4.14　月桂叶栎叶和橡子

毛；橡子 2 年成熟，无柄，壳斗鳞片状，内部多具绒毛，覆盖坚果基部的 1/3，卵圆形至半球形坚果，深褐色至黑色，长 1.3cm。

4.3.1.9　熊栎 *Quercus ilicifolia* Wangenheim, Bear oak（图 4.15）

图 4.15　熊栎叶、橡子和树皮的形态特征

落叶灌木或小乔木，高可达 6m，稀有 12m。树皮深灰色，成熟时薄质呈鳞片状；嫩枝具绒毛，呈黄褐色至褐色，老枝深褐色，光滑；顶芽卵圆形，长 0.3cm；叶柄光滑，长 0.6cm；叶卵形至椭圆形，长 5.1～12.1cm，宽

2.9~8.9cm，基部楔形，3~7裂，微波状，末端具1~3个刚毛锯齿，顶端常具有3裂，厚而革质，叶面深绿有光泽，叶背浅绿至灰色且密被毛茸茸的绒毛，次生脉明显可见；橡子2年生，壳斗红褐色具绒毛鳞片，内部具绒毛，包着坚果基部的1/2，卵圆形，浅褐色坚果具微弱条纹且有极小绒毛，长1.6cm。

4.3.1.10　木瓦栎 *Quercus imbricaria* Michaux, Shingle oak（图4.16）

高大乔木，高和冠幅均可达15~20m，野生高可达32m。早期树型呈金字塔形至椭圆形，后期宽圆形，且具有垂枝。叶椭圆形或披针形，长7.9~20.3cm，宽1.6~7.6cm，叶端急尖，具有短硬毛，叶缘外卷全缘，基部钝形，顶部具有1个刚毛，叶面有深绿光泽，光滑无毛，叶背浅绿或褐色，有整齐的绒毛，叶柄光滑，长0.6~1.5cm。芽鳞片状卵形，急尖，长0.3~0.6cm，褐色，常带有少数绒毛。橡子2年成熟，短柄，近球形，长约1.5cm，坚果基部1/2被碗状壳斗包着，红褐色鳞片，1~2个橡子生长在结实的花梗上，壳斗外面稀疏绒毛，内部光滑至棕黄色或红褐色。小枝细长，呈绿色至红褐色，具有光泽，光滑无毛，棱状。树皮灰褐色，具有密集较宽的脊且间有浅槽。

图4.16　木瓦栎叶、橡子和树皮

4.3.1.11　短叶栎 *Quercus incana* Bartram, Bluejack oak（图4.17）

灌木或小乔木，高可达16m，树冠伸展无规律，常形成灌木层。树皮厚质，深灰色至黑色，具宽犁沟，形成粗糙的块状；小枝褐色，嫩枝密被绒毛；顶芽红褐色，窄卵圆形，横切面具有5角棱状，顶部常有毛状；叶柄短，具有绒毛，长1.0cm；叶狭卵形至椭圆形，长2.9~10.1cm，宽1.3~3.5cm，基部急尖至圆形，顶部急尖并有刚毛，叶缘全缘，新生叶或具2~3浅裂，厚革质，叶面蓝绿色具光泽，叶脉突出，沿中脉零星具有绒毛，叶背叶脉腋下簇生绒毛；橡子2年成熟，橡子无柄或1~2个生长在小于0.6cm的花梗

图4.17　短叶栎叶、橡子和树皮

上，壳斗具有毛状浅红褐色鳞片，内部有绒毛，壳斗常呈碗状，覆盖基部 1/2 坚果，椭圆形或卵形，褐色并有模糊条纹，长 1.0～1.6cm。

4.3.1.12　佛罗里达栎 *Quercus inopina* Ashe, Florida oak（图 4.18）

常绿灌木，高 5m。树皮浅灰色；小枝浅紫褐色至深紫褐色，稀疏绒毛；顶芽卵圆形，芽顶部较钝，横切面 5 棱；叶柄光滑或零星绒毛，长 0.3～1.0cm；叶椭圆形至卵形或竹片状，长 3.8～8.6cm，宽 2.5～4.4cm，基部尖形至圆形，叶面光滑或具有皱折，叶面凸起，全缘，中脉具散生绒毛，叶背具有稀疏鳞状绒毛，常覆盖着真菌类的子囊果；橡子 2 年生，壳斗具有绒毛状鳞片，内部一半或一半以上具有绒毛，包着坚果基部的 1/3～1/2，卵形至椭圆形，长 1.6cm。

图 4.18　佛罗里达栎叶和橡子

4.3.1.13　火鸡栎 *Quercus laevis* Walter, Turkey oak（图 4.19）

灌木或小乔木，高可达 13m，有时达 22m，树冠无规律伸展，树枝弯曲。树皮灰色至深灰色，老树皮有深槽且无规则脊状，树皮内侧红色；小枝深栗褐色，带有灰色脱落零星的绒毛，顶芽狭卵圆形，栗褐色皮部具绒毛；叶柄光滑，长 0.6～2.5cm；叶宽卵形或轮廓呈三角状，长 10.1～20.3cm，近中部宽 7.9～15.3cm，基部尖形或圆形，叶柄基部下延，具 3～7 裂，像火鸡的脚，常具有 1～3 个刚毛锯齿，裂片之间深弯曲，叶面光滑浅绿色，叶背浅绿簇生红色腋毛，叶脉明显；橡子 2 年成

图 4.19　火鸡栎叶、橡子和树皮

熟，近无柄或短柄，壳斗具毛状鳞片且边缘红色，内部绒毛状，球状壳斗包着坚果基部的 1/3，宽椭圆形，浅褐色坚果具模糊条纹，长 1.9～2.9cm，顶部常密被短白色绒毛。

4.3.1.14　沼生月桂叶栎 *Quercus laurifolia* Michaux, Swamp laurel oak（图 4.20）

半常绿中型乔木，叶可持续到第 2 年春季不落，生长期限较短，高可达 25m，树冠圆形浓密。树皮深褐色，老树皮变为黑色带有深槽且具有宽片状脊；小枝光滑，红褐色，顶

北　美　橡　树

芽卵圆形，急尖，覆有亮栗褐色鳞片；叶柄短而光滑，长 0.6cm；叶宽椭圆形，薄质，长 3.2～12.1cm，宽 1.6～4.4cm，基部楔形，顶部急尖具刚毛，或有不规则 3 裂，叶面绿色具光泽，叶背浅绿色具黄色中脉，叶两面光滑；橡子 2 年成熟，近无柄，纺锤状壳斗具毛状鳞片，且内部有绒毛，覆盖着坚果基部的 1/4，坚果近圆形，深褐色，长 1.6cm。

图 4.20 沼生月桂叶栎叶、橡子和树皮的形态特征

4.3.1.15 黑夹克栎 *Quercus marilandica* Muenchhausen, Blackjack oak（图 4.21）

小乔木，高可达 9～12m。单叶互生，宽倒卵形，长 10～20cm，具 3～5 裂，基部圆形，裂片宽阔，全缘或稀有锯齿，叶面有光泽，光滑，深绿，叶背褐色具绒毛，逐渐变光滑且黄绿色，中脉明显，橙色，具短柔毛；叶柄长 0.6～1.8cm，较短，粗壮。芽鳞片状卵形或椭圆形，长 0.6～0.8cm，明显分叉，灰褐色，密生锈色绒毛，特别是从基部到顶部的 1/2～2/3

图 4.21 黑夹克栎叶、橡子和树皮

距离处。橡子长 1.5～2.5cm，约为宽的 1/2，整个橡子的 1/2 被黄褐色陀螺状壳斗包着，具锈色鳞片，第 2 年成熟。小枝结实，红褐色，初始具绒毛，随后变为浅灰色且密生小而灰白色的皮孔。

4.3.1.16 默特尔栎 *Quercus myrtifolia* Willdenow, Myrtle oak（图 4.22）

常绿灌木或小乔木，高达 11m，圆形树冠且树枝弯曲，有可能形成灌木丛。树皮灰色光滑，随着树龄增长出现树槽；小枝红褐色有绒毛；顶芽卵圆形，逐渐窄至

图 4.22 默特尔栎叶、橡子和树皮

急尖，红褐色鳞片，有时顶端丛生黄褐色绒毛；叶柄光滑，很短，长 0.6cm；叶狭长至宽倒卵形，长 1.6~5.1cm，宽 1.0~2.5cm，基部圆形，顶端圆形或具有刚毛锯齿，叶厚革质，边缘翻卷，有时波状，叶面深绿色有光泽，叶背浅绿色，叶脉腋生绒毛，有些还具有黄色鳞片状光泽；橡子 2 年成熟，每个花梗簇生 1~2 个橡子，被灰色绒毛的球状壳斗包着坚果基部的 1/4~1/3，内部有绒毛，坚果几乎呈圆形，长 0.6~1.3cm，成熟时呈深褐色。

4.3.1.17　水栎 *Quercus nigra* L., Water oak（图 4.23）

高大乔木，高达 15~24m，野生的可达 36.6m，树型为倒圆角形，叶子可保留到冬季不落。树皮浅褐色至黑色，大多数光滑或成年树皮具浅而粗糙的槽，产生片状褶皱；小枝光滑红色；顶芽栗褐色，卵圆形，毛状鳞片，顶部较尖，长 0.3~0.6cm；叶柄长 0.3~1.0cm，较短、光滑，粗壮，扁平；叶倒卵形至长圆形，近顶部最宽，叶顶端 3 裂或全缘，稀有中部以上羽状分裂，长 3.2~12.1cm，宽 1.6~6.3cm，基部楔形，全缘，2~3 个刚毛裂片，叶面浅蓝绿色至光滑深绿，叶背灰白光滑，腋下簇生褐色绒毛；橡子 2 年成熟，常单生（1~2 个），短柄，橡子基部 1/4 被宽薄的壳斗包着，壳斗内外具绒毛，鳞片紧凑；坚果间有模糊的条纹带，近圆形，成熟时黑色，长 1.0~1.6cm。

图 4.23　水栎叶、橡子和树皮

4.3.1.18　樱皮栎 *Quercus pagoda* Rafinesque, Cherrybark oak（图 4.24）

高大乔木，高可达 40m，生长迅速。树皮近黑色，短而片状皱褶；小枝浅褐色有毛；顶芽卵圆形，浅栗褐色，具有毛状鳞片，横切面具有 5 个棱角；叶柄光滑，长 1.9~5.1cm；叶卵形或倒卵形，长 8.9~30.5cm，宽 6.0~15.9cm，基部楔形至圆形，顶端急尖，5~11 裂，裂片顶端具有 1~3 个刚毛锯齿，中间裂片常与中脉形成直角，叶面深绿有光泽，叶背灰白有绒毛，次生脉较明

图 4.24　樱皮栎叶、橡子和树皮

北 美 橡 树

显；橡子 2 年成熟，每个花梗具有 1～2 个橡子，栗褐色且具有毛状鳞片壳斗，内部具有绒毛，包着坚果基部的 1/3～1/2，圆形褐色坚果具有短而细的绒毛，且有模糊条纹，长 1.6cm。

4.3.1.19　针栎 *Quercus palustris* Muenchh., Pin oak（图 4.25）

高大乔木，高达 15～40m，树形为金字塔形，底部枝条低垂，中部平展，上部竖直；晚期呈宽金字塔形，失去很多底部的垂枝。叶椭圆至长椭圆形，长 5.1～15.9cm，宽 5.1～12.1cm，裂片顶端长渐尖，基部截形，5～7 裂，裂片具有 1～3 个刚毛锯齿，叶面具光泽深绿，叶背浅绿且腋生簇状绒毛，主要裂片呈 "U" 形；叶柄长 1.9～6.3cm，细长，光滑。顶芽具鳞片，圆锥形至卵形，急尖，长 0.3～0.6cm，灰褐色至栗褐色；橡子 2 年成熟，长约 1.6cm，宽 0.8～1.8cm，单生或簇生（1～2 个），短柄或无柄，近半球状，浅褐

图 4.25　针栎叶、橡子和树皮

色，具条纹，橡子基部 1/4～1/3 被碟状红褐色壳斗包着，鳞片光滑。当年生小枝较细长，绿色至褐色，2 年生和 3 年生枝绿色；树皮灰褐色，薄质，光滑，随着树龄的增长，会有较浅的树脊和槽。

4.3.1.20　柳栎 *Quercus phellos* L., Willow oak（图 4.26）

图 4.26　柳栎叶、橡子和树皮

中型至大型乔木，高达 16～22m，宽 9～12m，野生的高达到 43m。早期树形为金字塔形，成熟时为椭圆形或卵形至圆形树冠。叶狭椭圆或长矛状，长 5.1～12.1cm，宽 1.0～2.5cm，急尖，全缘微波状，稀疏短硬毛，绿色至深绿，叶面光滑，叶背光滑或沿中脉有茸毛，叶柄长 0.3～0.6cm。芽具有鳞片，长 0.3～0.6cm，卵圆形，急尖，栗褐色。橡子单生或对生，长 1.0～1.3cm，近球形，点缀着星状茸毛，基部 1/3 被薄碟状壳斗包着，壳斗内部具有浅褐色绒毛，坚果褐色，具有模糊条纹，第 2 年成熟。小枝细长，光滑，微有光泽，红褐色至黑褐色；树皮成熟时呈现灰色不规则的沟状并有厚而鳞片状脊。

4.3.1.21　转轮栎 *Quercus pumila* Walter, Runner oak（图 4.27）

小灌木，高仅有 2m，经常冬季不落叶。树皮灰色至深褐色；小枝褐色至栗褐色，稀疏或密被绒毛；顶芽卵圆形，栗褐色，鳞片边缘具纤毛；叶柄具绒毛，很短，长 0.6cm；叶长矩形至狭长矩形，长 2.5～10.1cm，宽 1.0～3.2cm，叶缘全缘并外卷，基部急尖至圆形，顶端急尖至圆形，具有刚毛，叶面绿色，叶脉明显，叶背少许凹起，灰褐色绒毛；橡子 2 年成熟，深碟形状壳斗具有毛状鳞片，内部有绒毛，包着坚果基部的 2/3，圆形至宽卵形，长 1.6cm。

图 4.27　转轮栎叶和橡子

4.3.1.22　北方红栎 *Quercus rubra* L., Northern red oak（图 4.28）

高大乔木，可达 18～22m，冠幅也可达 18～22m，野生的高可达 31 m；早期树形呈圆形，后期树冠呈对称圆形。叶椭圆或倒椭圆形，长 12.1～20.3cm，宽 6.0～12.1cm；具有 7～11 裂，裂片具有 1～3 个刚毛锯齿，基部宽楔形，顶端急尖；叶面深绿色具有光泽，叶背灰白或白色，有时浅黄色，腋芽处有一簇褐色毛；叶柄长 2.5～5.1cm，红色光滑无毛。橡子单生或对生，长 1.6～3.2cm，直径约 2cm，形状不一，但经常近球形，基部 1/2 被一个层状的厚的纺锤形壳斗包着，橡子需 2 年成熟，熟后易脱落，呈棕色，带有灰色袋状绒毛或蜡质；枝或茎坚实，呈绿色至红褐色，光滑无毛；树皮呈明显的片状灰色或灰白色裂块，且具有脊和槽。

图 4.28　北方红栎叶、橡子和树皮

4.3.1.23　舒马栎 *Quercus shumardii* Buckley, Shumard oak（图 4.29）

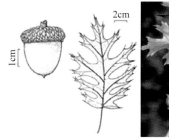

高大乔木，高和宽可达 12～18m，野生可达 45m，树形为金字塔形，较宽广。叶宽椭圆形，长 10.1～20.3cm，宽 6.0～15.2cm，叶端急尖，叶基部窄而楔形，5～9 裂，裂片呈椭圆形

图 4.29　舒马栎叶、橡子和树皮

北 美 橡 树

且钝而全缘，裂片具 2～5 个刚毛锯齿，叶面深绿至深蓝绿，叶背灰白或蓝绿色；叶柄长 1.9～6.0cm，黄绿色，光滑；芽具鳞片状，棱角卵形，长 0.6～0.9cm，光滑，灰或浅草莓色，鳞片蜡质并不明显；橡子卵形，长 1.3～3.2cm，短柄，基部 1/3 被厚碟状的壳斗包着，橡子上生有褐色至灰褐色交替的条纹。小枝灰褐色，光滑，老枝绿褐色，表皮具有像洋葱一样的覆盖物；树皮灰色至深灰色，内部粉红色光滑，随着树龄增大而逐渐形成浅脊。

4.3.1.24　得克萨斯红栎 *Quercus texana* Buckley, Texas red oak（图 4.30）

中型至大型乔木，高可达 35m，速生树种，树冠开放。树皮灰褐色至深褐色，具有浅裂纹和片状脊；小枝光滑，灰色至栗褐色；顶芽灰褐色，卵圆形，顶端常具有纤毛鳞片；叶柄光滑，长 1.9～5.1cm；叶卵形至倒卵形，具 5～11 裂，每个裂片具 1～3 个刚毛锯齿，长 7.6～20.3cm，宽 5.7～13.3cm，

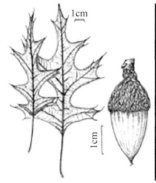

图 4.30　得克萨斯红栎叶、橡子和树皮

基部截形，顶端急尖具刚毛，裂片以深弯隔开，叶中部裂片对生，叶面光滑，深绿色，叶背浅绿色，具有腋簇生绒毛；橡子 2 年成熟，单生或簇生于花梗上，球形，毛状（内外）薄质壳斗包着坚果基部的 1/3～1/2，坚果栗褐色，鸡蛋形，具模糊条纹，长 1.6～2.5cm，有时有绒毛。

4.3.1.25　黑栎 *Quercus velutina* Lamarck, Black oak（图 4.31）

中型至高大乔木，高可达 15～23m，野生的高达到 34m。早期树形呈圆形，后期树冠呈对称扩展圆形。叶卵形至倒卵形，长 10.1～29.8cm，宽 7.5～15.3cm，，叶尖具 5～9 裂，裂片具有 1～4 个刚毛锯齿，呈楔形，有时钝形，叶面有深绿光泽，叶背灰白或白色，有时浅黄至浅绿，且腋下簇生褐色绒毛；叶柄长 2.5～7.0cm，经常呈黄色且光滑，或散生绒毛。顶芽鳞片状或覆瓦状，长

图 4.31　黑栎叶、橡子和树皮

0.6～0.8cm，卵形至倒卵形，顶部灰白至基部渐变为褐色，栗红至红褐色，急尖，光滑或急尖处有锈色绒毛，鳞片边缘稀有绒毛，横切面具有5角棱状。橡子长1.5～2.5cm，单生或成对，形状各异，但多近球形，坚果基部1/2覆有一个水平的、厚实的碟状壳斗，橡子成熟后易脱落，2年内成熟，呈褐色，带有灰色条纹。小枝结实，呈绿色至栗褐色，光滑至有毛，星状髓心。树皮具有明显的灰白色片状树皮并混有脊和槽，厚且深褐色至黑褐色，内部黄色或橙色。

4.3.2 白栎组

4.3.2.1 北美白栎 *Quercus alba* L., White oak（图4.32）

大型乔木，高可达15～24m，野生可达32m，早期树形为金字塔形，后变为直立圆形至宽圆形，树枝伸展，非常漂亮，寿命很长，是非常受欢迎的行道树。叶倒卵形至椭圆形，长10.1～20.3cm，宽7.5～12.1cm，常5～9裂，裂弯极深至中脉，基部尖或楔形，叶革质，正面深绿有光泽，背面浅绿有少许绒毛，老叶变得光滑，但腋生簇状绒毛；叶柄长1.0～2.5cm。芽瓦状，宽卵形，钝形，红褐色至褐色，长0.3～0.6cm，有时稀有毛，特别是在芽鳞片末端。橡子1～3个簇生于花梗上，无柄或短柄，长1.8～3.2cm，卵圆形，基部1/4～1/3处被浅

图4.32 北美白栎叶、橡实和树皮

褐色碗状的壳斗包着，花被片具有凹凸不平的鳞片，橡子呈深巧克力褐色，于第1年成熟。小枝结实，褐色至紫色，棱状，有时覆有蜡状浅灰色毛状物或花序状物质，星状髓心。花雌雄同株，老枝或新枝上都有；雄性柔荑花序下垂，簇生；单个花有4～7裂的花萼，包括6个雄蕊，稀有6～12个；雌花单生或少数几个组成穗状花序生于新叶腋下；单个花具有6花萼围绕着3心室（稀4或5）的子房，整个子房的部分被花被片包着。

4.3.2.2 巴斯德白栎 *Quercus austrina* Small, Bastard white oak（图4.33）

大乔木，高可达23m。树皮浅灰色，老树皮出现宽皱褶；小枝深褐色具有白色的软木皮孔（高尔基体）；顶芽

图4.33 巴斯德白栎叶、橡子和树皮

北 美 橡 树

栗褐色，卵圆形，具有毛状鳞片，顶端锐利；叶柄很短，长 0.6cm；叶狭长倒卵形，长 10.1cm，宽 5.1cm，全缘，3～9 圆裂片，浅弯曲，基部楔形或细小，顶端圆形，叶面光滑，有深绿色光泽，叶背灰绿色，光滑或稀疏有腋生绒毛，次生脉较明显；橡子 1 年成熟，1～2 个橡子着生在结实的花梗上，长 1.6cm，高脚酒杯状的壳斗具有灰色鳞片，包着坚果基部的 1/3～1/2，坚果褐色卵圆形，长 1.6cm。

4.3.2.3　沼生白栎 *Quercus bicolor* Willdenow, Swamp white oak （图 4.34）

大乔木，高和宽可达 15～18m，野生可达 30m，不规则树冠，树枝伸展。叶倒卵形至狭椭圆形，长 6.5～18cm，宽 3.0～11.1cm，基部楔形至急尖，顶部圆形，叶粗糙，波状有锯齿，10～20 对浅裂片或波状，有时裂到中脉的 1/2，且有锯齿，叶面深绿有光泽，叶背有白色茸毛或灰绿柔软光滑，中脉黄色，革质；叶柄长 1.0～2.8cm，黄色。芽鳞片状，宽卵圆形，浅橙褐色，长 0.3～0.6cm，中部及以上附有灰白色茸毛，簇生芽具有针状或条状分泌物。小枝结实至柔软，黄褐色至红褐色，光滑。树皮片状，灰褐色，深裂，渐成薄

图 4.34　沼生白栎叶、橡子和树皮

片易剥落。橡子对生，长约 2.5cm，明亮浅褐色，1/3 被花被片包着，果柄长 2.5～10cm。

4.3.2.4　博因顿栎 *Quercus boyntonii* Beadle, Boynton oak（图 4.35）

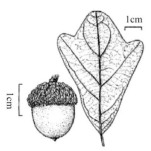 

图 4.35　博因顿栎叶和橡子

半常绿或落叶丛生灌木，高 2m，稀有 6m。树皮褐色鳞片状；小枝浅褐色具有绒毛；顶芽红褐色，卵圆形，顶端圆形，鳞片稀有绒毛；叶柄长 1.0cm；叶倒卵形或狭长倒卵形，长 10.1cm，宽 6cm，基部楔形，叶缘 3～5 不规则圆形裂片，顶端具有三角形裂片，叶面深绿有光泽，叶背灰色有绒毛；橡子 1 年成熟，1～2 个橡子着生于长为 1.0cm 的花梗上，灰色有毛的壳斗包着坚果基部的 1/2，坚果浅褐色，卵圆形，顶端圆形，长 1.6cm。

4.3.2.5　查普曼栎 *Quercus chapmanii* Sargent, Chapman oak（图 4.36）

半常绿或落叶灌木，高 3m，常丛生或小乔木，高可达 14m。树皮灰褐色具有不

图4.36 查普曼栎叶和橡子

规则鳞片；小枝灰黄褐色至黄褐色，具有块状细绒毛；顶芽红褐色，末端具有光滑的鳞片；叶柄小而光滑，长0.3cm；叶倒卵形，长3.8~8.9cm，宽1.9~3.8cm，叶缘微波状，多数靠近顶端部具有不规则浅裂片，顶端圆形，基部楔形，叶面光滑，深绿色，叶背浅灰色或黄色，带着黄色绒毛；橡子1年成熟，1~2个橡子着生于长为1.3cm的花梗上，壳斗鳞片具有灰色绒毛，包着坚果基部的1/3~1/2处，浅褐色坚果，椭圆形，顶端圆形，稀有绒毛。

4.3.2.6　得克萨斯栎 *Quercus fusiformis* Small, Texas live oak（图4.37）

常绿灌木或小乔木，高13m，树冠扩展。树皮深灰色，形成树槽产生皱褶，鳞片状，内部橘红色；小枝浅灰色具绒毛，细而坚实；顶芽红色至深褐色，卵形，具光滑或毛状鳞片；叶柄小于1.0cm；叶厚，椭圆形或狭卵形，长2.9~8.9cm，宽1.9~3.8cm，基部心形，叶缘全缘或微反卷，有时顶部或边缘有不规则锯齿，顶端较钝或圆形或有很小的急尖，叶面光滑，浅绿色至深绿色，叶背灰绿色，密被绒毛；橡子1年成熟，1~5个橡子着生于长0.3~2.9cm的花梗上，壳斗基部狭长形，浅灰色鳞片带有红色顶部，光

图4.37　得克萨斯栎叶、橡子和树皮

滑或有毛，包着坚果的1/4~1/2，坚果深褐色，狭长或长矩形状，具有浅褐色条纹，长1.6~2.5cm。

4.3.2.7　沙栎 *Quercus geminata* Small, Sand live oak（图4.38）

常绿丛生灌木或中型小乔木，高15m，稀有30m。树皮深褐色至黑色，具有块状鳞片；当年生小枝有绒毛，呈浅黄褐色至浅灰色，第2年枝条光滑无毛；顶芽卵圆形深褐色，鳞片边缘稀有绒毛；叶柄短，长0.3~1.0cm；叶狭椭圆形，长3.5~6.0cm，

图4.38　沙栎叶和橡子

北　美　橡　树

宽1.0～2.9cm，背面凹陷，基部楔形，全缘，反卷微波状，叶面有光泽，浅绿色至深绿色，次生脉明显，叶背覆有白色闪亮或绿灰色的毛，容易擦掉；橡子1年成熟，1～3个橡子簇生在长约1.0cm的花梗上，壳斗具有白色或灰色鳞片，光滑或具有绒毛，包着坚果基部的1/3，坚果光滑，深褐色，卵圆形或桶状，长1.6～2.5cm。

4.3.2.8 哈佛栎 *Quercus havardii* Rydberg, Harvard oak（图 4.39）

丛生灌木，高1m，稀有9m。树皮纸质，浅灰色；小枝褐色有绒毛，随着树龄增长逐渐变得光滑；顶芽卵圆形，深红褐色；叶柄较短，长0.6cm；叶倒卵形或椭圆形，长5.1～10.1cm，宽1.9～5.1cm，厚质，基部圆形或楔形，叶缘常具有深裂，两边各有2～3个圆形锯齿，顶端圆形，叶面浅绿色有光泽，叶背密被茶色绒毛；橡子1年成熟，单生或对生在长为1.0cm的花梗上，壳斗红褐色有毛，包着坚果基部的1/3～1/2，坚果褐色，卵圆形，长2.5cm。

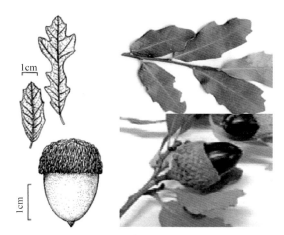

图 4.39 哈佛栎叶和橡子

4.3.2.9 莱西栎 *Quercus laceyi* Small, Lacey oak（图 4.40）

图 4.40 莱西栎叶和橡子

小中型灌木，高19m。树皮浅灰色，具有浅槽且鳞片褶皱状；嫩枝灰色有毛，老枝光滑红褐色；顶芽光滑，褐色，卵圆形；叶柄长0.3～1.3cm；叶倒卵形或椭圆形，长3.8～8.9cm，宽2.9～6.3cm，全缘或具有浅裂片，生长在湿地时，叶具有深裂片，很像北美白栎，次生脉末端具有锯齿，叶顶端圆形，叶面光滑绿色，新叶背面具有白色绒毛，成熟叶背面光滑；橡子1年成熟，1～3个橡子簇生在长为1.0cm的花梗上，壳斗碟状具有毛状鳞片，包着坚果基部的1/3，坚果长圆形或桶状，两端较钝，长1.9cm。

4.3.2.10 琴叶栎 *Quercus lyrata* Walter, Overcup oak（图 4.41）

中型至大型乔木，高和宽可达12～18m，野生的可达30多米高，树形为金字塔形至椭圆形，椭圆形至圆形；随后逐渐树干增大，树冠宽圆形。叶倒卵形至椭圆形，长10.1～16.5cm，宽5.1～10.1cm，基部楔形，深羽状琴裂，3～5对钝或急尖裂片，基部

图4.41 琴叶栎叶和橡子

2对较小且三角状并以裂宽区别于叶上部裂片，中间较大的裂片经常在叶缘附有1个小的裂片；顶部裂片经常有3裂；成熟叶面深绿光滑，叶背具有白色或绿色绒毛；叶柄长1.9cm，光滑或有绒毛，橙黄色。小枝结实，有棱，灰褐色，小而灰白的皮孔，光滑或稀有绒毛。橡子1～2个簇生在长为3.8cm的花梗上，近球形或圆形壳斗具有灰色绒毛鳞片，整个坚果几乎被壳斗包着，只有顶部留有孔，坚果浅褐色，卵圆形或长圆形坚果，长2.5～5.1cm，当年成熟。

4.3.2.11　大果栎 *Quercus macrocarpa* Michx., Bur oak（图4.42）

大型乔木，高和宽可达21～24m，野生的可达30多米高，幼树呈金字塔形至椭圆形，随后变为宽圆形树冠。叶倒卵形至狭椭圆形，长7.0～15.2cm，宽5.1～12.7cm，基部楔形或稀圆形，叶底部2～3对裂片，叶上部5～7对卵形而钝的裂片；叶面深绿有光泽，叶背灰白或白色绒毛；叶子像一个小提琴的底部；叶柄长1.6～2.5cm，有绒毛。芽鳞片状，圆锥形至宽卵形，浅褐色至灰色，顶部锐尖或比较钝，长0.6～0.9cm，浅白色绒毛覆盖着，簇生芽处经常有托叶痕。小枝结实，浅褐色，光滑或有

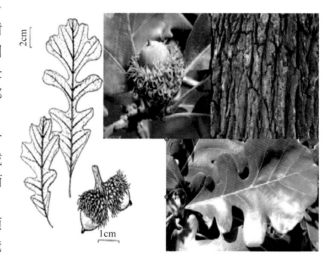

图4.42　大果栎叶、橡子和树皮

绒毛，有的多年生（1年以上）树皮或枝会有软木的脊。树皮厚，浅灰色，具深裂，片状皱褶，抗火。橡子1～3个簇生在长0.6～1.9cm的花梗上，宽卵圆形，顶部有毛，基部1/2～7/8被壳斗包着，壳斗鳞片具有明显的灰色绒毛，鳞片近壳斗边缘形成穗状环绕坚果，坚果浅褐色，宽椭圆形，细绒毛，长2.5～5.1cm，当年成熟。

4.3.2.12　沙生柱杆栎 *Quercus margaretta* Ashe, Sand post oak（图4.43）

灌木或小乔木，有时具有根状茎，生长缓慢，树冠圆形浓密，高可达10m，有时达27m。树皮浅灰色，浅裂纹，具有鳞片状脊；小枝光滑纤细，灰色；红褐色顶芽，卵圆形急尖，光滑或零星有绒毛；叶柄短，长0.3～1.0cm；叶片轮廓像"十"字形，长

北 美 橡 树

3.8～7.6cm，宽 1.9～3.8cm，中度至深 5 裂，基部楔形至圆形，顶端宽圆形，裂片圆形，叶面深绿色有光泽，叶背浅绿密被绒毛；橡子 1 年成熟，1～3 个橡子簇生，无柄或生长在长为 1.9cm 的花梗上，壳斗球状，灰色具绒毛，包着 3/4 的坚果基部，浅褐色坚果，卵圆形，顶端圆形，长 1.6～2.5cm。

图 4.43　沙生柱杆栎叶和橡子

4.3.2.13　沼生栗栎 *Quercus michauxii* Nuttall, Swamp chestnut oak（图 4.44）

图 4.44　沼生栗栎叶、橡子和树皮

大型乔木，高可达 15～30m，有时可达 47m，树冠圆形密实，叶子像栗树的叶，树干无枝，可达 12.2m。树皮浅灰色，粗糙，薄片脊状；嫩枝绿色，在第 1 个冬天逐渐变为褐色，第 2 年变为灰色；顶芽卵圆形，红褐色，顶端钝或尖，鳞片散生绒毛；叶柄较短，长 0.6～1.9cm；叶倒卵形，中部以上最宽，长 7.0～27.9cm，宽 5.1～17.8cm，叶缘波纹状，9～14 对圆形锯齿，基部急尖，顶端宽圆形，具有 1 个突尖顶部，叶面深绿有光泽，叶背灰绿具有密生绒毛（可感触）；橡子当年成熟，1～3 个橡子簇生在长 1.3～3.2cm 的花梗上，深碗状、具有褐色绒毛的壳斗包着坚果基部的 1/2，坚果卵圆形，浅褐色至深褐色，长 2.5～3.5cm。

4.3.2.14　矮生栎 *Quercus minima*（Sargent）Small, Dwarf live oak（图 4.45）

丛生灌木，慢生落叶或常绿，高 1m，无分枝的枝条形成灌木丛。树皮光滑，褐色至浅灰色；小枝浅灰色，2 年生枝光滑；顶芽较小，球状，具深褐色至灰褐色鳞片；叶柄很短，长 0.3～0.6cm；叶倒卵形或倒披针形，长 3.8～12.1cm，宽 1.9～5.1cm，基部楔形，顶端急尖至圆形，边缘平展或微波状，叶面光滑，浅绿色至深绿色，叶背浅绿色具白色闪亮绒毛；橡子 1 年成熟，1～3 个橡子簇

图 4.45　矮生栎叶和橡子

生在长 0.3～2.9cm 的花梗上，壳斗高脚杯状具有灰色鳞片，偶尔稀有细小绒毛，包着坚果基部的 1/2，坚果狭椭圆形，深褐色，长 1.6～2.5cm。

4.3.2.15　莫尔栎 *Quercus mohriana* Buckley, Mohr oak（图 4.46）

常绿或落叶灌木，丛生或灌木层，稀有小乔木，高 6m，不规则扩展性树冠。树皮厚质，灰色，具有粗糙的片状褶皱；小枝灰褐色，密被绒毛；顶芽钝状，卵圆形，具浅褐色至栗褐色毛状鳞片；叶柄短，长 0.6cm；叶厚革质，长圆形至椭圆形，长 2.9～7.6cm，宽 1.9～3.2cm，基部圆形，顶端圆形

图 4.46　莫尔栎叶和橡子

或急尖，全缘或波状，或稀有锯齿，叶面深绿有光泽，叶背灰色具绒毛，次生脉明显；橡子 1 年成熟，1～2 个橡子簇生在长 1.6cm 的花梗上，深壳斗具有毛状鳞片，包着坚果基部的 1/2，坚果卵形至宽椭圆形，褐色，长 1.6cm。

4.3.2.16　栗栎 *Quercus montana* Willdenow, Chestnut oak（图 4.47）

中型至大型乔木，高可达 20～44m，宽散生并无规则树冠，叶子像栗子。树皮深红褐色至深灰色，老树皮具有深"V"形的槽，产生宽皱褶；小枝结实，深绿色至红褐色；芽卵圆形，浅褐色至红褐色，顶部急尖，芽鳞片或有少许绒毛；叶柄黄色，长 1.0～3.2cm；叶倒卵形，长 12.1～20.3cm，宽 6.0～10.1cm，叶缘具有 10～14 个圆锯齿，基部亚急尖，顶部急尖，叶片厚而坚硬，叶面深黄绿色有光泽，叶背浅绿色，沿着叶脉具有少许绒毛；橡子 1 年成熟，1～2 个橡子簇生在长 1.0～2.5cm 的花梗上，壳斗具有灰色

图 4.47　栗栎叶、橡子和树皮

鳞片且顶部红色，内部具有绒毛，包着坚果基部的 1/3～1/2，坚果栗褐色，长卵形，长 1.9～3.8cm。

4.3.2.17　清扩平栎 *Quercus muehlenbergii* Engelmann, Chinkapin oak（图 4.48）

中型至大型乔木，高可达 20～33m，成熟时树冠长度经常高于树高。幼树近圆形，长大后呈圆形树冠。树皮浅灰色或乳白色，具鳞片状脊，有点粗糙且呈片状脱落状。叶

北 美 橡 树

椭圆形至椭圆披针形，长 5.1～15.2cm，宽 3.8～7.9cm，厚而革质，顶端急尖或渐尖，基部常截形或急尖，叶缘波浪形，有 8～13 对急尖和短尖的弯状锯齿，这些平行侧脉的脉端都有一个锯齿或浅裂片，叶面光泽深黄绿色，叶背具有白色绒毛；叶柄长 1.0～3.2cm，光滑。顶芽红褐色或边缘浅白色，卵圆形或圆锥卵形，长 0.4～0.6cm，散生绒毛。小枝光滑，纤细，褐色，并于第 2 年变为灰色，圆形，质地柔弱。橡子单生或对生，近无柄，长 0.6cm，具有薄而灰色绒毛的壳斗包着坚果基部的 1/4～1/2，坚果浅灰褐色，长圆形至卵圆形，长 1.8～2.5cm，鳞片较小，大多连在一起。

图 4.48 清扩平栎叶、橡子和树皮

4.3.2.18 奥格尔索普栎 *Quercus oglethorpensis* Duncan, Oglethorpe oak（图 4.49）

图 4.49 奥格尔索普栎叶、橡子和树皮

中型至大型乔木，高可达 24m，树干笔直，出现嫩枝徒长现象，树冠枝条弯曲。树皮浅灰色，具有浅槽，带有鳞片状褶皱；小枝光滑，紫褐色，具有明显的皮孔；顶芽圆形，栗褐色至深灰色，具有毛状鳞片；叶柄短，长 0.3～0.6cm；叶为狭椭圆形至倒卵形，全缘，或近顶端微波浪状，有时具波纹，两端微圆，叶面浅深绿色，叶背黄绿色，具天鹅绒般柔软绒毛；橡子 1 年成熟，1～2 个橡子簇生在长 0.6cm 或更短的花梗上，短壳斗具有灰色鳞片并有黄褐色绒毛，包着坚果基部的 1/3，卵圆形（鸡蛋形），长 1.0～1.9cm，深灰褐色，覆有短而细的柔软毛。

4.3.2.19 矮生清扩平栎 *Quercus prinoides* Willdenow, Dwarf chinkapin oak（图 4.50）

丛生灌木或小乔木，高 8m。树皮较薄，灰色，具有树槽和鳞片状皱褶；小枝灰色；顶芽宽圆形，褐色至栗褐色，顶端较钝，鳞片有些许绒毛；叶柄较短，长 0.6～1.6cm；叶革质，倒卵形，长 3.8～14cm，宽 1.9～6.3cm，叶缘波浪状或具有 3～8 对短圆形锯齿，基部楔形，顶端圆形，叶面深绿有光泽，叶背浅绿色微有绒毛；橡子 1

图 4.50 矮生清扩平栎叶和橡子

年生，1～2 个橡子簇生在长 1.0cm 的花梗上，壳斗较薄，具有短灰色绒毛鳞片，包着坚果基部的 1/3，坚果长圆形至卵形，浅褐色，长 1.9cm。

4.3.2.20 砂纸栎 *Quercus pungens* Liebmann, Sandpaper oak（图 4.51）

灌木或小乔木，高可达 3m，常绿或半常绿。树皮薄质，浅褐色，纸质片状；嫩枝灰色具绒毛，随树龄增加变得光滑；顶芽深栗褐色，稀疏有绒毛；叶柄短，仅为 1.0cm；叶椭圆形至长圆形，宽 1.0～1.9cm，叶缘具有波纹、粗糙锯齿或有刺的裂片，基部圆形，顶端急尖或钝，带有短尖（棘状），叶厚革质，叶面粗糙，黄绿色，具有光泽，且有细小绒毛，叶背密被绒毛且混有坚硬的毛，叶两面具有砂纸感；橡子 1 年成熟，1～2 个

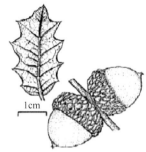

图 4.51 砂纸栎叶和橡子

无柄或短柄橡子簇生在长 0.3cm 的花梗上，壳斗栗褐色，陀螺形具有灰色绒毛，包着坚果基部的 1/4，坚果浅褐色，卵圆形，长 1.3cm。

4.3.2.21 沼生柱杆栎 *Quercus similis* Ashe, Swamp post oak（图 4.52）

中型至大型乔木，高可达 30m。树皮灰色至褐色，浅槽带着狭长连片皱褶；小枝黄灰色具有绒毛；顶芽圆形，栗褐色，基部具有毛状鳞片，顶端鳞片光滑；叶柄短于 1.0cm；叶倒卵形，4～6 裂，常中部以上 3 裂片，叶长 7.5～15.2cm，宽 5.1～6.3cm，基

图 4.52 沼生柱杆栎叶、橡子和树皮

北 美 橡 树

部圆形，顶端圆形，叶面深绿，光滑，有光泽，叶背灰绿色；橡子1年成熟，1～3个橡子簇生在花梗上，壳斗灰色，圆形杯状，具有毛状鳞片，包着坚果基部的1/2，坚果卵圆形至桶状，长1.6～1.9cm，浅褐色至栗色。

4.3.2.22 巴斯德栎 *Quercus sinuata* Walter, Bastard oak（图4.53）

灌木或小乔木，高偶尔可达17m。树皮灰色至浅褐色，具有深浅不同的槽及鳞片状褶皱。皮较薄，易着火；小枝颜色多样，从浅灰色至栗褐色，变化不一，或具有瘤状；顶芽栗褐色，卵圆形，边缘具有纤毛；叶柄光滑，较短，长0.6cm，叶薄质，长圆形，长3.2～12.1cm，宽2.5～6.0cm，基部急尖至渐变圆形，全缘或常有3～9个圆裂片，顶端圆形，叶面深绿暗淡至有光泽，叶背灰绿有绒毛；橡子1年成熟，1～2

图4.53 巴斯德栎叶和橡子

个橡子簇生在长0.6cm的花梗上，薄而浅碟状的壳斗具有灰色鳞片，包着坚果基部的1/8～1/4，坚果卵圆形至长圆形，浅褐色至栗褐色，长0.6～1.9cm。

4.3.2.23 柱杆栎 *Quercus stellata* Wangenhein, Post oak（图4.54）

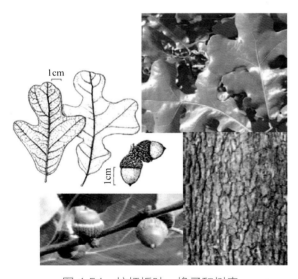

图4.54 柱杆栎叶、橡子和树皮

灌木至中型乔木，高可达12～15m，野生可达25.9m，自然树形非常密实，上部圆形，树枝结实伸展。树形为金字塔形，较宽广。叶倒卵形，厚革质，大头羽裂地羽状半裂，长3.8～15.2cm，宽1.9～10.1cm，基部楔形，稀圆形，常5～7裂，对生裂片较钝，中间裂片较大且呈方形，经常底部边缘具有裂片，底部裂片较宽，上部较窄，弯曲；叶面深绿有光泽且粗糙，叶背浅灰或褐色，即使稀有白色绒毛呈星状，最终也会变得光滑；叶柄长0.3～1.6cm，有绒毛，整个叶子看上去像"十"字形结构。芽鳞片状，近半球形至宽卵形，栗褐色，长0.3～0.6cm，有毛或光滑鳞片，顶端急尖。橡子当年成熟，1～3个生在长0.6cm的花梗上，壳斗薄，呈鸡蛋状或碟状，鳞片具灰色绒毛，坚果基部1/4～2/3被壳斗包着，鳞片先端较尖，毛状且紧贴着，坚果圆形，浅褐色，或许有深褐色模糊条纹，长1.0～1.9cm。小枝结实，黄灰褐色，有绒毛，点缀着无数个皮孔。树皮灰色或浅棕色，具平坦方形的裂块。

4.3.2.24 维西栎 *Quercus vaseyana* Buckley, Vasey oak (图4.55)

灌木或小乔木, 高可达 15m, 常绿或亚常绿。树皮深褐色, 具槽, 长条状脱落; 小枝红色至灰褐色, 具绒毛; 顶芽卵圆形, 红褐色至灰色, 顶端较钝, 鳞片稀疏有绒毛至光滑, 边缘具有纤毛; 叶柄长 0.6cm, 长圆形至狭披针形, 长 1.9～6.3cm, 宽 1.0～1.9cm, 全缘或顶部棘状, 有 6～10 个浅裂片, 裂片急尖或钝, 基部钝形至圆形, 顶端急尖

图 4.55 维西栎叶和橡子

至圆形, 叶革质, 微凸, 叶面深绿有光泽, 叶背灰白密被绒毛; 橡子 1 年成熟, 1～2 个无柄橡子或簇生在长 0.3cm 的花梗上, 壳斗红褐色, 包着坚果基部的 1/4, 坚果光亮浅栗褐色, 椭圆形至长圆形, 长 1.9cm。

4.3.2.25 弗吉尼亚栎 *Quercus virginiana* Mill., Southern live oak (图4.56)

树形多样, 从丛生灌木至大乔木, 高可达 25m, 浓密扩展树冠, 树干基部扶壁式结构牢固地支撑着树冠, 常绿, 叶子直到第 2 年春季新生叶长出时才落。树皮深褐色至黑色, 深槽带有鳞片状褶皱; 嫩枝灰色带绒毛, 老枝光滑; 顶芽红褐色, 卵形, 带有灰色鳞片, 边缘时有绒毛; 叶柄长 1.0cm; 叶厚质, 长圆形, 边缘反卷, 长 3.5～10.1cm, 宽 1.9～5.1cm, 全缘, 基部楔形至圆形, 顶端圆形或尖端有刚毛, 叶面浅绿色至深绿色, 有光泽, 叶背灰绿色密被绒毛; 橡子

图 4.56 弗吉尼亚栎叶、橡子和树皮

1 年成熟, 1～3 个橡子簇生在长 1.0～1.9cm 的花梗上, 深高脚杯状壳斗, 鳞片浅灰色带有红色尖部, 经常有绒毛, 包着坚果基部的 1/4～1/2, 成熟坚果黑褐色至几乎黑色, 狭长圆形, 长 1.6～2.5cm。

本章附表 1 北美红栎不同树种叶的主要形状特征

序号	中文名	拉丁名	叶
1	枫叶栎	Q. acerifolia	
2	阿肯色栎	Q. arkansana	
3	巴克利栎	Q. buckleyi	
4	猩红栎	Q. coccinea	
5	北方针栎	Q. ellipsoidalis	
6	南方红栎	Q. falcata	
7	乔治亚栎	Q. georgiana	
8	月桂叶栎	Q. hemisphaerica	
9	熊栎	Q. ilicifolia	
10	木瓦栎	Q. imbricaria	
11	短叶栎	Q. incana	
12	佛罗里达栎	Q. inopina	
13	火鸡栎	Q. laevis	
14	沼生月桂叶栎	Q. laurifolia	
15	黑夹克栎	Q. marilandica	
16	默特尔栎	Q. myrtifolia	
17	水栎	Q. nigra	
18	樱皮栎	Q. pagoda	
19	针栎	Q. palustris	
20	柳栎	Q. phellos	
21	转轮栎	Q. pumila	
22	北方红栎	Q. rubra	
23	舒马栎	Q. shumardii	
24	得克萨斯栎	Q. texana	
25	黑栎	Q.velutina	

本章附表 2　北美白栎不同树种叶的主要形状特征

序号	中文名	拉丁名	叶
1	北美白栎	Q. alba	
2	巴斯德白栎	Q. austrina	
3	沼生白栎	Q. bicolor	
4	博因顿栎	Q. boyntonii	
5	查普曼栎	Q. chapmanii	
6	得克萨斯栎	Q. fusiformis	
7	沙栎	Q.geminata	
8	哈佛栎	Q. havardii	
9	莱西栎	Q. laceyi	
10	琴叶栎	Q. lyrata	
11	大果栎	Q. macrocarpa	
12	沙生柱杆栎	Q. margaretta	
13	沼生栗栎	Q. michauxii	
14	矮生栎	Q. minima	
15	莫尔栎	Q. mohriana	
16	栗栎	Q. montana	
17	清扩平栎	Q. muehlenbergii	
18	奥格尔索普栎	Q. oglethorpensis	
19	矮生清扩平栎	Q. prinoides	
20	砂纸栎	Q. pungens	
21	沼生柱杆栎	Q. similis	
22	巴斯德栎	Q. sinuata	
23	柱杆栎	Q. stellata	
24	维西栎	Q. vaseyana	
25	弗吉尼亚栎	Q. virginiana	

北　美　橡　树

图 4.57 红栎结果枝

图 4.58 白栎结果枝

注： 本章图片图 4.3～图 4.5，图 4.7～图 4.56 均引用于 *Field Guide to Native Oak Species of Eastern North America*。见后文参考文献 Stein J, Binion D, Acciavatti R. 2003. Field Guide to Native Oak Species of Eastern North America. U.S. Washington DC: Department of Agriculture, Forest Service.

第五章 北美橡树的优良种质资源

5.1 柳栎 *Quercus phellos* L.

5.1.1 形态特征

落叶乔木，高20~30m，少数能达39m，胸径1.0~1.5m。其叶像柳树的叶子是区别于其他栎树最明显的特征，单叶互生，狭椭圆形或披针形，长5~12cm，宽1.0~2.5cm；叶缘全缘；叶面鲜绿色，叶背灰白色绒毛；叶柄长0.3~0.7cm。芽呈鳞状，卵形，头部急尖，栗褐色，长0.3~0.7cm。雌雄同株，花单性，组成柔黄花序；雄花黄绿色排成纤细的柔黄花序，雌花是细小的团伞花，簇生在茎叶的交叉点。柳栎开花多为2~5月，即约为叶芽开放的前1周。花和叶芽开放后，霜冻使花蕊凋落，叶片脱落。霜冻过后，新叶萌发，但是花不会再度开放。果实，又称橡子，单生或对生，长和宽为0.8~1.2cm，近球形，零生星状毛，基部被一个浅茶杯状的包裹，有棕色或褐色条纹，果实在第2年成熟。

图 5.1　大图为林荫道路的柳栎大树；小图为柳栎结果枝叶

5.1.2　气候特征

柳栎喜温暖和湿润气候，适宜在夏季漫长炎热、冬季温和短暂及白天正常温度在 0℃ 以上的地方生长。在北部至东北部，年无霜期为 180～190d，南部至东南部的无霜期为 300d；夏季平均气温为 21～27℃，极端高温为 38～46℃；冬季平均气温在 −4～13℃，极端低温为 −29℃。生长区域年平均气温为 10～21℃。在整个生长区域，夏季的地面风主要来自于墨西哥海岸，冬季风向多变。一般来说，柳栎生长区每年的日照时间约 2700h。1 月，相对湿度为 60%～70%，7 月则为 50%～70%。年降水量为 1020～1520 mm，全年均匀分布。在东南部生长区，夏季的降水量稍多。海湾地区中部的降雨量最多。年平均降雪量 0～127cm。积雪量至少 2.5cm 的时间一般为 0～40d。

5.1.3　地理分布

主要分布于海岸平原低洼地，从美国新泽西州和宾夕法尼亚州东南部开始，南至乔治亚州和佛罗里达州北部，西至得克萨斯州东部，北至密西西比河谷，一直延伸到俄克拉何马州东南部、阿肯色州、密苏里东南部、伊利诺伊州南部、肯塔基州南部和田纳西州西部（图 5.2）。

北 美 橡 树

图 5.2　柳栎的自然分布

5.1.4　立地条件

　　柳栎生长于各种各样的冲积土上，研究发现其能生长于主要河流第 1 级底面的脊线和高地处。在第 2 级底面，其生长在脊线、平地和沼泽地中，在一些小河流的底部非常常见。在新冲积土的黏性壤土脊线上，柳栎生长得最好。研究表明，在河漫滩内，柳栎随立地条件的高低而生长量依次减少，高海拔地区柳栎自然分布较少。但是，在一些古老的梯田的硬质土层区、山丘或港湾偶尔能发现它们，但在这些地方，柳栎的长势一般不好。

　　除了地势，柳栎的品质和生长速度还受土壤质量和有效水分的影响。在密西西比三角洲，随着土表下的黏土深度从 30cm 增长到 46cm，柳栎在每个地势中的立地生产力不断降低。在南部的非三角洲地区，随着土壤上部 15cm 的有效钾元素上升，柳栎的立地生产力减少。有足够的深度（超过 3cm 或 10cm）、平整未受干扰的土壤最适合柳栎生长。这些土壤是中等质地的淤泥或沃土，表层 30cm 土壤没有板结，生根区域土壤呈颗粒状。相对的，最不适合柳栎生长的土壤是较浅、有内在洼地、被过度开垦超过 20 年的土壤。这些土壤结构细密、呈黏性、表层 30cm 厚的土已板结，生根区域土壤呈块状结构。若要让柳栎在生长季节得到最好的生长，土壤中的水分必须充分。最适宜的地下水位是 1.5～4.5cm，低于 0.76cm 或高于 3m 都是不适合的。在生长季节（2～7 月），径向生长不受滞流水影响，但若人为蓄水致使水位上升至土壤表层 3cm 内，径向生长速度将大幅度提升。为了使柳栎能够最好地生长，表层土壤深度至少需要达到 15cm，富含超过 2% 的有机物质。根际土壤最佳 pH 值为 4.5～5.5。当表层土壤变浅、有机物质减少、pH 偏离最佳标准时，柳栎的立地生产力将随之下降。柳栎常生长在新开发土和淋溶土上。

图 5.3　柳栎季节的叶色变化

5.1.5　繁殖技术

（1）种子繁殖

当柳栎树龄达到 20 年时，便可以开始种子繁殖。橡子较小，长和宽都为 10～15mm，单生或对生，在开花后第 2 年的 8～10 月成熟。因杯状物很容易脱落，所以第 1 次掉落的橡子一般并未成熟。成熟的优质橡子较重，色泽明亮，并有一个棕色的珠孔端。种子几乎每年都会丰收。成熟的柳栎每年可生产 9～53L 或 5.2～31.3kg 橡子。每千克柳栎种子平均为 603 粒，每株树年产种子 5400～31 900 个，橡子由动物传播，在易受洪涝影响的地区也经由水传播。长时间浸泡柳栎种子，其发芽能力略微降低，但不会影响柳栎在新的地方存活。橡子可以储藏在潮湿的低温条件下。橡子发芽，需要其含水量不低于 40%，含水量为 50% 时发芽最好。在种植前，种子应该在 2～4℃的温度下储存 60～90d。

北　美　橡　树

柳栎种子为地下发芽式。最好的苗床是潮湿、通气良好、有 2.5cm 以上落叶层的土壤。最开始的高生长一般，在南部好的生产地，1 年平均生长 50cm。柳栎通常以单株或小群体繁殖。繁殖发生在自然或人工砍伐形成的林中空地上，繁殖成功是在土地被干扰前种子繁殖就已存在的结果。在土地被干扰前若种子繁殖不存在，则几乎不可能再繁殖出柳栎这个树种。幼苗不能忍受水渍土壤，休眠期除外，这个时期它们能耐水淹而不死亡。春季展叶后，完全水浸达 5~7d 对于柳栎幼苗是致命的，但是幼苗并不会死亡，除非水淹的时间超过 60d。在水淹期，一些次生根死亡，不定芽也不能萌发，幼苗的高生长受到抑制尤其明显。水淹期结束后，幼苗的根系和芽才恢复生长。尽管柳栎耐阴程度中等，但是其幼苗能在森林覆盖下存活长达 30 年之久。它们持续不断地进行衰亡和再萌芽的循环，虽然它们也许会呈畸形状，但这些幼苗－新芽也是响应环境的一种形式。

（2）无性繁殖

柳栎很容易从被砍伐的小树的树桩上萌芽。砍伐后萌芽是自然繁殖的一种重要方法。在直径过大的树桩上其萌芽并不容易。从幼龄母树上采取的插条经过吲哚乙酸处理便会生根得以繁殖。母树树龄越大，繁殖成功率越小。未经处理的插条不能生根，不适宜进行压条和嫁接繁殖。

图 5.4 柳栎的春色叶

图 5.5 柳栎的秋色叶

图 5.6 柳栎的树形

图 5.7 深秋叶色

图 5.8　结果枝

图 5.9　种子

图 5.10　种子萌发状态

5.1.6　栽培管理

　　柳栎生长在冲积土壤上，其营养根集中在自由水上的充气层。在这里广泛的菌根系统帮助柳栎吸收养分、水分，并防止一些根系病菌的侵入。根系不会伸入自由水区。在生长最佳的土壤区域，根系的生长在3月初开始。生长期土壤完全被淹会抑制幼苗根系生长，这种情况很可能也会抑制成年树的根系生长。在饱和水土壤状态下，根系的菌根形成也受到抑制，但是上部根系区域的过高水含量一旦解除，根系和菌根的生长便会恢复。长久的水浸会导致根系生长停止，最终引起树体死亡。通常情况下，柳栎树干挺拔通直，在肥沃的土壤上，不需要频繁整枝修剪，在贫瘠的环境下，自然整枝非常差。主枝上的休眠芽受外界干扰刺激而生长，会产生徒长枝，这些干扰包括树冠受到破坏、树枝受到损伤、干旱、洪涝、被压及不适的立地条件。干扰的解除刺激中间的或被压的树产生徒长枝，但是优势种或等优势种不容易受到影响。修剪应旨在对柳栎的树冠大小、形态进行整形，并加大它在优势种和等优势种中所占的位置。尽管人工修剪的树枝修复很慢，但活枝比死枝愈合速度快很多，这2种类型的枝条96%愈合均需要至少4年的时间。柳栎是亚顶级群落树种，且耐阴。除了生命力弱的树外，其他树在遮阴环境下均表现良好。

图 5.11　多年生容器苗

图 5.12　1年生苗木

北 美 橡 树

图 5.13　1 年生苗木冬季叶色

图 5.14　1 年生扦插苗

图 5.15　3 年生扦插培育苗

图 5.16　柳栎苗圃种植基地

5.1.7　病虫防治

松鼠、鸟和昆虫（主要是象鼻虫）、猪等动物的活动减少了橡子的产量。柳栎最大的敌人是火：轻度火烧可烧毁幼苗、小苗，烈火可烧毁更大的树木，树不会立即被烧死，而是受到损伤后易受真菌侵害腐烂至死。低洼地的柳栎常见的腐烂病是由粗毛黄褐孔菌（*Polyporus hispidus*）引起的，这种隐伏的真菌生长速度快，可使柳栎溃疡部位增加 10～15cm，在某些地区溃疡部分占整树的 25%。溃疡的部分应该尽快处理掉，这样既能拯救原木又能去除传染源。最严重的害虫应属蛀干害虫，它们使原木质量大幅下降。3 种常见的蛀干害虫为红橡木蛀虫（*Enaphalodes rufulus*）、毛毛虫（*Prionoxystus robiniae*）和山毛榉蛀虫（*Goes pulverulentus*）。柳栎易受酸雨的影响，当被暴露在 pH 小于 3.2 的雨水中时，柳栎树叶会出现黄色或棕色的坏死区域。

5.1.8　园林用途

柳栎以生长速度快和寿命长而闻名。同时它还是很受欢迎的绿荫树，移植容易，并被广泛应用于城市景观营造。

图 5.17　园林绿化效果

图 5.18　停车场景观绿化

图 5.19　校园一角

北　美　橡　树

5.1.9　其他用途

柳栎每年生产橡子，是一种为野生动物提供食物来源的重要树种。作为一种受欢迎的遮阴树，它被广泛种植，用于观赏。柳栎也可以种植在水边。幼树与老树相比，每单位体积纸浆的产量没有大幅增加，幼树对于矿物质的需求量也没有大幅增加。柳栎常用作木本植物种植，由于柳栎生长速度快，可大量培育用于制浆材。

5.2　娜塔栎 *Quercus nuttallii* Palmer

娜塔栎直到 1927 年才被定为 1 个种，也被称为红栎、红河栎和针栎，是少有的具有重要商业价值的栎树种之一。其生长于排水差的黏壤上，海湾沿岸平原的低地上，密西西比州北部和红河谷中。娜塔栎易与针栎（*Quercus palustris*）混淆，通过果实或者冬芽可鉴别娜塔栎。其木材常被砍下当作红栎来售卖。除生产木材之外，娜塔栎每年果实产量大，是为野生动物提供食物来源的重要树种之一。

5.2.1　形态特征

落叶乔木，主干直立，树冠塔形，大枝平展或略有下垂。树高 18～24m，直径可达 90cm 或以上，树皮灰色或棕色，光滑。芽重叠成瓦状，浅灰色到灰棕色，有柔毛，鳞叶边缘有纤毛。小枝灰褐色，无毛。叶具深裂，长 10～20cm，宽 5～13cm，具有 5～7 个锯齿状裂片，叶表亮深绿色，在叶背的主叶脉腋下有灰白色的丛生柔毛。坚果，长 2～3cm，卵形，带有深的被鳞壳斗。

5.2.2　气候特征

娜塔栎分布区的气候湿润，年降雨量为 1270～1650mm，在 4～8 月有效的生长季节降雨量为 630～760mm。在分布区的北界，以降雪形式的整个降水量为 2.5～12.5cm。夏季平均最高温为 27℃，冬季平均气温为 7～13℃。极端高温和极端低温分别为 43℃ 和 －26℃。

5.2.3　地理分布

生长于佛罗里达州西部至得克萨斯州东南部的海湾沿岸平原的低地上。在密西西比河流域北部、阿肯色州、俄克拉何马州东南部、密苏里州东南部及田纳西州西部也有发现。娜塔栎在密西西比河及其支流的冲积盆地上生长最好。

5.2.4　立地条件

娜塔栎在密西西比三角洲地区，土壤肥沃、排水差的黏壤上生长较好，在 pH 为 4.5～5.5 的土壤上表现最佳。它在黏性山脊上很常见，在永久的沼泽地或排水良好、肥沃的土壤上不常见。冬天，它通常生长于覆盖着 8～20cm 水的泥滩上。在主要河流阶地

图 5.20　娜塔栎自然分布区

的黏土、粉质黏土和沼泽上不常见。在沿岸平原，娜塔栎大多生长于冲积河流底部，类似于三角洲的地区。

5.2.5　生长习性

（1）长势特征

娜塔栎生长迅速，5 年平均长高 4.08m，树干平均材积增长量为 0.006m³。第 2 次生长可达到商品尺寸，胸径长到 60cm 需要 70 年。在老的林地，树高 30～35m，胸径 90cm甚至更大的娜塔栎也是很普遍的，但即使是质量再好的娜塔栎成熟后也会快速退化。

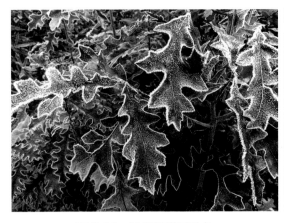

图 5.21　秋冬娜塔栎叶色

图 5.22　秋色叶

北 美 橡 树

图 5.23　春季叶色

图 5.24　结果的娜塔栎树

10 年生树体胸径生长常为 10cm，最高可达 20cm。经冬季蓄水和春季降雨处理后，相比未经处理的，娜塔栎胸径和高生长速度增加 38%。

生长于贫瘠土壤上的娜塔栎病虫害和矿物污染很严重。连续几年的干旱和航道渠化可降低地下水位，通常会导致所有不同年龄的娜塔栎死亡。

（2）幼苗生长

娜塔栎不耐荫蔽；幼苗仅在全光照环境下才能存活且长速快。

娜塔栎的种子需要经 60～90d 的低温层积。它们越冬后在春季土壤温度为 21～32℃时发芽。种子平均发芽率为 60%～90%，但是发芽率因种子大小不同而不同，大种子比小种子发芽率高。象鼻虫损害会降低发芽率。种子即使在水中浸泡34d，发芽率也不受影响。发芽是地下式的。

幼苗往往在生长季节因水分过多而死亡，但水分过多对存活率、萌芽日期或高生长的影响不显著。在冬季和春季，当生长在饱和土中16周后，娜塔栎幼苗在开放环境或遮阴下均开始形成，在遮阴下可以存活5～10年，强大的主根也形成。在绿树水库地块种植区生长的幼苗常有菌根共生。

（3）开花和结果

娜塔栎雌雄同株。在3月和4月为盛放期，雄花比雌花早10～14d。雄花簇生，黄绿色柔荑花序。雌花不明显，生于新叶叶腋，只能通过仔细观察才能发现。风媒传粉。果实于第2年的9～10月成熟，翌年2月掉落。

（4）种子生产和传播

在密西西比州斯通维尔20年左右的大树可以生产大量种子，这可能是由于其正处在最佳的种子生产期。在田纳西州的诺里斯植物园，5年生的娜塔栎便能结果。通常每3～4年丰产1次，而20年左右的大树平均每株树产种子6～35kg。坚果平均209粒/kg。水、啮齿类动物、鸟类是传播种子的媒介。

图 5.25　结果枝

图 5.26　种子

图 5.27　果实

北　美　橡　树

5.2.6 繁殖技术

娜塔栎多数采用种子繁殖。①种子于 0～5℃低温沙藏 30～50d 即可。②播种前，浸种 24h。3 月上旬，将沙藏种子筛去沙料，去掉霉料，用清水多次冲洗，种子晾干后倒入 600 倍菌特净标准溶液中浸泡 24h，药物浸种对种子的出芽和幼苗的护理都有帮助。③播种选在温室大棚内，使用腐熟有机肥和珍珠岩作基质的容器袋，用硫酸亚铁进行基质消毒，用辛硫磷消灭基质害虫。3 月中旬开始播种，播种时先浇水，将种芽向下播种到容器袋中，覆土厚 3cm，稍加镇压、盖严。17d 开始出苗，30d 出齐。

抚育管理：当大部分种子出土后，早上揭去塑料膜，幼苗怕晒，中午适当遮阴，幼苗出齐稍微老化后，逐渐去掉遮阴。5 月上旬移植到大田，管理时，视天气情况，每 10d 浇水 1 次，6～7 月用 0.5% 的尿素进行叶面喷肥，7 月中旬追复合肥 1 次，及时松土除草，促进苗木生长。

无性繁殖：采用扦插和嫁接的方法繁殖娜塔栎较难成功，压条繁殖也难以成功。幼树树桩发芽容易，但年长的树不易发芽。

5.2.7 病虫防治

坚果象甲（*Curculio* spp.）通过破坏果实的形成而降低娜塔栎的发芽率。毛毛虫（*Prionoxystus robinise*）对娜塔栎的危害更严重。其他导致木材受损的钻蛀虫有红橡木蛀虫（*Enaphalodes rufulus*）、白栎钻蛀虫（*Goes tigrinus*），其他属的钻蛀虫有栎树幼苗蛀虫（*G. tesselatus*）和硬木树桩蛀虫（*Stenodontes dasytomus*）。透翅蛾（*Paranthrene simulans*）为腐霉菌创建了一个入口点，会造成额外的损失。钻孔蛀虫类也会对娜塔栎造成相当大的损害。其他害虫会影响树枝、枝条和根系，减弱生长和活力，但不损伤树的商品材部分。

一个严重由昆虫造成的对娜塔栎木材的损害是由树液饲养甲虫（*Curculio nitidulids*）、毛毛虫及其他几个蛀虫一起造成的树皮袋。周期性爆发的落叶害虫如阔叶叶潜蝇（*Baliosus nervosus*）和粉色条纹蛀虫（*Anisota virginiensis*）阻碍大多数区域娜塔栎的生长速度。

娜塔栎易受 3 种腐烂真菌侵害，分别是 *Polyporus hispidus*、*Poria spiculosa* 和 *Spongipellis pachyodon*。它们都是通过在死枝萌发的孢子进入树干的，杀死形成层，导致切入点周围腐烂和心材腐烂。生长于北纬 35° 的娜塔栎可能被栎树枯萎病（*Ceratocystis fagacearum*）杀死，日温 30℃ 以上会降低该病的扩展速率。

炭疽病（*Gnomonia quercina*）和叶斑病（*Actinopelte dryina*）在一些年份会导致娜塔栎落叶。

图 5.28　规模化育苗

图 5.29　温室育苗　　　　　　　　　图 5.30　1 年生大田苗木

图 5.31　1 年生秋色叶　　　　　　　　图 5.32　成年娜塔栎

5.2.8　园林用途

2001 年，中国林业科学研究院亚热带林业研究所从美国东南部地区引进娜塔栎，在浙江、上海等地试种取得了很好的效果。娜塔栎秋冬季时叶子变为红色、褐色、黄褐色、赤褐色等多种颜色，树干挺拔，冠幅较大，在园林中应用，可孤植或是片植，观赏效果非常好。其表现特点如下。

（1）生长特性

耐水湿：娜塔栎在持续 75d 淹水 20cm 的胁迫条件下，其成活率仍达 100%，且持续的深度淹水对娜塔栎的苗高生长与生物量积累未产生显著影响，娜塔栎当之无愧为城市湿地建设乃至沿江、沿海、低湿、易涝地区城市森林建设中可选择的最佳树种之一。

耐干旱：在 2013 年夏季持续高温干旱天气条件下，仅在娜塔栎移栽完成后浇透 2 次水，再未浇水，对 9～10 月第 2 次速生期的苗高生长与生物量积累没有显著影响，长势良好，可见娜塔栎具有优良的抗旱特性。

生长快：1 年生娜塔栎苗均高 96.3cm；10 年生平均胸径达 18cm，7 年开始结实，10 年进入丰产期。

易管理：娜塔栎管理简单，尽管生长速度快，但前期 1 次整形后基本能保持相对完

北　美　橡　树

整的树形，能够持续多年，大大节约了管理成本。

（2）应用前景

功能用途：娜塔栎树体高大通直，冠似华盖，夏绿荫浓，叶形奇特，秋色叶色彩丰富，令人赏心悦目；且具有耐水湿、耐干旱、耐低温、抗台风、根深叶茂等特点，在园林造景中可作为骨架树种，在节点处形成主要景观，如在坡地、驳岸边、建筑物前后等处，都能起到很好的景观效果。可孤植、丛植或群植在草坪空间，展示其个体美或者群体美，在最佳观赏季节能够成为视觉焦点。可在许多大型公园或者风景区内进行大面积种植，其叶片色彩艳丽迷人，形成璀璨夺目的季相性秋色景观，为城市绿地营造了更加丰富的自然景观。

应用现状：娜塔栎作为栎类植物中的佼佼者，除了最初在华东地区受到高度关注外，华中、华北甚至东北地区也有企业开始跟进。在第六届中国花卉博

图 5.33 娜塔栎在景观绿化中的应用

览会中，娜塔栎以其强适应性、高观赏性、速生性荣获观赏苗木优秀奖，吸引了社会各界的眼球。

5.2.9 其他用途

在绿树水库（green-tree reservoirs），娜塔栎是重要树种之一，那里的鸭子吃橡子。其橡子含粗脂肪 13%，碳水化合物 46%。在路易斯安那州，它被认为是最好的橡子生产树种。其橡子的生产很少失败。

在冬天的洪水期，松鼠可找到现成的橡子，因为许多橡子留在树上直到 1 月。橡子也深受鹿和火鸡喜爱。

5.3 猩红栎 *Quercus coccinea* Muenchhausen.

猩红栎亦称黑栎、红栎或西班牙栎，因秋天颜色亮丽而闻名，是一种大型速生树种，分布于美国东部各种土壤的混交林中，在轻砂质和砾石高地的山脊及山坡上分布更多，在俄亥俄河流域盆地上生长最佳。商业上，常与其他红栎混合使用。猩红栎是一种流行的遮阴树，广泛种植于美国和欧洲。

5.3.1 形态特征

树叶单叶互生，长方形或椭圆形，长 7.6～15.2cm，宽 6.4～11.4cm，基部为短楔形，稀为宽楔形，有 7 个，稀为 9 个带齿状刚毛的裂片，叶面亮深绿色，除了叶脉腋有

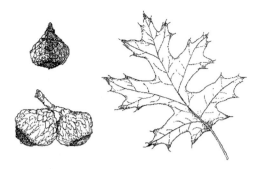

图 5.34 猩红栎的果与叶的特征

丛生的柔毛外，叶背光滑无毛，主裂片为"C"形，叶柄长 3.8～6.4cm，无毛，黄色。芽重叠成瓦状，宽卵形，钝尖，长 0.6～0.9cm，深红棕色且下面无毛，中部表面有苍白色毛茸茸的柔毛，芽形似橄榄球。茎浅棕色到红棕色，无毛，点缀着小的灰色皮孔，老茎为带有光泽的绿色。果实为单个或两个，短梗，椭圆形至半球形，红棕色，稀有条纹，顶部常有同轴的环状，1/3～1/2 处被深碗状覆盖物包裹（图 5.34）。雌雄同株，根据纬度、海拔和天气情况，花期在 4 月或 5 月。果实成熟需要 2 个季节。

5.3.2　气候特征

　　猩红栎生长地气候潮湿，年平均降水量为西部边缘的 760mm 到东南部和海拔较高的 1400mm。年平均气温和生长季长度从新英格兰的 10℃和 120d 到亚拉巴马州、乔治亚州和南卡罗来纳州的 18℃和 240d。极端温度从北部最低的−33℃至南部最高的近 41℃。

5.3.3　地理分布

　　猩红栎主要生长区域为：从缅因州西南部西至纽约州、俄亥俄州、密歇根州南部和印第安纳州；南至伊利诺伊州南部、密苏里州东南部和密西西比中部，东至亚拉巴马州南部和乔治亚州西南部，北沿海岸平原的西部边缘到弗吉尼亚州（图 5.35）。

图 5.35　猩红栎自然分布区

北 美 橡 树

5.3.4　立地条件

猩红栎适合生长在各种土壤中，包括灰褐色灰化土壤、棕灰化土壤和红黄灰化土壤。

在密苏里州奥沙克，猩红栎 50 年内可以从 28.7cm 长到 70.4cm。在阿巴拉契亚山脉南部，其最佳再生和竞争的位置在山脉中上部，然而，位置指数随 A 层深度增加而增加，随 A 层和斜坡上砂量的减少而减小。在阿巴拉契亚山脉北部，斜坡位置、坡度、坡向和到基岩的土壤深度是重要的位置因素。

虽然猩红栎连续分布的位置尚未确定，但它可能是在干燥的土壤上生长的一种高峰树。由于其坚韧性，可以种植在各种类型的土壤中。

图 5.36　猩红栎的秋色叶

猩红栎一般分布在海拔低于 910m 的山地中，在阿巴拉契亚山脉南部最高可分布于海拔 1520m 左右。

5.3.5　生长习性

（1）种子生产与传播

猩红栎最早结果时间是 20 年，但 50 年后才能迎来盛果期，果实产量随树直径的增加而增大，树径达到 51cm 时果实产量达到最大值，而后则下降。尽管实际上结实量可能是不规律的和不可预测的，但一般果实丰产期每 3~5 年出现 1 次，在密苏里州，猩红栎结实量往往比黑栎（*Quercus velutina*）、北美白栎（*Q. alba*）、柱杆栎（*Q. stellata*）和黑夹克栎（*Q. marilandica*）更多变，4 年生的猩红栎成熟果实最高产量约为 25 粒/m²（树冠面积）。相比之下，在同一时期，黑栎、北美白栎栎子最高年产量为 70~75 粒/m²。在东南亚，12 生年猩红栎果实平均产量达 3.65kg/m²，尽管该生产率的猩红栎仅达到同时期北方红栎（*Quercus rubra*）的 25% 左右和北美白栎的 36% 左右，但是，其果实产量超过了黑栎和篮栎（*Q. prinus*）。

超过 80% 的成熟猩红栎果实会在落地后被虫毁坏，最常见的害虫有坚果象甲（*Curculio* spp.）、幼蛾（*Lepidoptera*）和瘿蜂（Cynipidae）。当果实产量达最高时，未被毁坏的栎子比例通常也最大。

猩红栎果实是东部灰松鼠、花鼠、老鼠、野生火鸡、鹿和鸟类的可选择性食物，尤其是蓝鸟和红头啄木鸟。30%~50% 的果实亏损是由鸟类和松鼠活动引起的。

（2）幼苗生长

适量的森林凋落物覆盖，有利于猩红栎种子的萌芽，没有凋落物或太厚的凋落物都不宜。相比一个完全封闭的或非常开放的树冠而言，适度开放的上层树冠为种子萌发提供了一个更有利的环境。其发芽方式是地下发芽式。

猩红栎幼苗通常顶梢枯死，然后再发芽，形成芽苗；再发芽发生于休眠芽或根颈以上。由于顶梢枯死，猩红栎根系可能比幼苗生长时间更久。这种再生长的每年增长潜力

图 5.37　猩红栎种子、幼芽及叶色

随芽基径增加而增加。在每个生长季里，幼芽株可能会生长 3 片新芽叶，单个新芽叶随季节增长而生长时间缩短。尽管猩红栎芽株初期生长快速，但幼芽的立地指数曲线与常规曲线比较表明，芽的生长高度在 20 年后迅速下降。

　　两刀渐切方法已被引用到猩红栎再繁殖中，第 1 切提供了有利的萌芽环境，第 2 切实现大量再繁殖，使足以成功地与其他植被竞争的茎数量足够多，当保留的上层林冠被去除时，就能实现。

　　（3）生长和生产力

　　猩红栎为中型树种，通常成熟时高 18～24m，最高达 30m；树干直径为 61～91cm，最粗可达 122cm。该树生长迅速，成熟早，达商品要求时树干直径达 46～58cm。

　　在径生长上，猩红栎领先或持平相关栎树。在美国中部高树群的 11 个品种比较中，在最适生长条件下，猩红栎的 10 年平均径增长仅次于黄杨（*Liriodendron tulipifera*）和黑胡桃（*Juglans nigra*）。然而，在不适宜生长条件下，猩红栎的增长速度大概超过其他任何相关树种，未修剪栎树林中猩红栎的产量变化为从立地指数 55 的 75.6m³/hm² 到立地指数 75 的 175.0m³/hm²，猩红栎林可以大大提高单个树木的增长量和质量。

　　（4）生根习性

　　猩红栎刚出芽的幼苗拥有强大的主根，侧根相对较少，因此在移栽方面比较困难，可能与其粗根系及其相对缓慢根再生率相关。

北 美 橡 树

（5）对竞争的反应

猩红栎被归类为非常不耐阴型，除了在更老的树下能再繁殖，通常只作为优势种或等优势种，在抑制或中间位置不能生存表明其不耐阴性。由于速生性和耐旱性，以及生长和繁殖需要足够光照条件，因此能在干旱条件下保持其优势。

当生长指数相等时，比起少量或者没有焚烧历史的森林，猩红栎在有焚烧历史的森林中具有更好的代表性，这与其旺盛的发芽能力，以及消除对火较敏感的竞争对手有关。

（6）破坏性元素

由于猩红栎树皮超薄，很容易受到火的伤害。如果树未被完全烧死，则通常会因树汁或树心腐烂而损坏。这个弱点，再加上干燥的环境，正说明了其高死亡率，以及在较轻的地火中易受到严重损坏。

猩红栎树心腐烂甚至可以通过幼小分枝进入树干，造成严重的损害。树心腐烂在高树桩中的生成芽株中尤为常见，在一项研究中，猩红栎在地平线或以下的萌芽的腐烂只有 9%，然而其腐烂率在高于地平线 2.5cm 或更高为 44%，真菌 *Stereum gausapatum* 从树桩繁殖至幼芽，是造成腐烂的最常见原因。

猩红栎也容易受到栎树枯萎病（*Ceratocystis fagacearum*）病菌侵染。树木感染这种真菌可能在第 1 个症状出现后 1 个月内的死掉。栎树也会感染 *Nectria* 溃疡和 *Strumella coryneoidea*，这些疾病在弗吉尼亚州都是特别严重。

猩红栎的主要食叶害虫包括栎树白带蟆（*Croesia semipurpurana*）、秋星尺蠖（*Alsophila pometaria*）、森林天幕毛虫（*Malacosoma disstria*）、舞毒蛾（*Lymantria dispar*）和橙纹蛀虫（*Anisota senatoria*）。春霜落叶和重复落叶，被认为是猩红栎和宾夕法尼亚州的红栎类中其他栎树"衰落"和死亡的首要原因，这 2 种原因既不独立也不组合。同样，在密苏里州奥沙克，猩红栎"衰落"和一系列复杂的因素相关，包括昆虫、疾病、干旱和土壤。

竹节虫（*Diapheromera femorata*）可能会使猩红栎严重落叶，特别是在猩红栎生长范围的北部。双纹长吉丁虫（*Agrilus bilineatus*）是猩红栎和其他栎树继干旱、火灾、冻害或因其他昆虫落叶等灾害的第 2 大害虫。毛毛虫类（*Prionoxystus* spp.）幼虫可以通过穿破树心和白木破坏猩红栎。

以上害虫更喜欢开放式生长的树木或在生长指数不好条件下生长的树木。豚草甲虫类（*Platypus* spp.、*Xyleborus* spp.）和栎树木蛀虫（*Arrhenodes minutus*）能够侵入和破坏新鲜切割或受伤的树。红橡木蛀虫（*Enaphalodes rufulus*）生活在树干直径大于 5cm 的树桩中，幼虫钻入韧皮部，并导致严重缺陷和产量降低，然后蚂蚁和真菌可进入伤口造成进一步的伤害。

黑木蚁（*Camponotus pennsylvanicus*）在竖树里筑巢。蚂蚁可以通过干裂纹、疤痕、孔进入树干中，并且可以扩展它们的孔道至良木中。通风栎瘿蜂（*Callirhytis quercuspunctata*）可在猩红栎树枝和小树枝分泌瘿，严重感染可能会杀死整株树。此外，大型橡木苹果瘿蜂（*Amphibolips confluenta*）可能会在猩红栎叶或叶柄分泌瘿。

5.3.6　繁殖技术

猩红栎树干与大多数其他栎树相比，芽株生长时间更长，尺寸更大。每个树干还有较大数量幼芽，并且这些芽株在开始 5 年长得比其他栎树、山胡桃（*Carya* spp.）和红枫（*Acer rubrum*）更快。然而，树桩的发芽率从树干直径为 10cm 的 100% 降低到更小，树干直径为 61cm 时发芽率仅约为 18%。

在一项关于阿巴拉契亚猩红栎幼芽的研究中，28% 的芽株有根基腐烂，并且大树桩芽株比小树桩芽株更易芽根基腐烂。幼芽长大后，腐烂蔓延，会削弱树木的抗风能力。然而，在矮林生长中，稀疏的幼芽集中生长在一个树干上，可以增快生长并增加树干存活率。

5.3.7　园林用途

猩红栎树干通直、树冠大、枝叶稠密、叶片宽而大，具有很好的遮阴效果及绚丽的秋季彩叶效果，也具有耐移栽、耐贫瘠、耐寒（−35℃）、对病虫害抗性强等优点，在北美及欧洲园林绿化中应用非常广泛，无论是道路旁还是公园、大学校园、高尔夫球场等公共场所都应用广泛。例如，在德国首都柏林随处可见胸径 30～50cm 的参天大树。

据全球花木资料记载，猩红栎被法国人引入欧洲已有将近 150 年的历史；在中国，红橡树种植才刚刚开始，用作绿化、造林、用材等，前景一片大好。

5.3.8　其他用途

猩红栎除了作为木材和野生动物的食物来源外，还作为观赏植物广泛种植。其秋季叶色鲜红明亮，树冠开展，长速快等特性使其成为庭院、街道和公园种植的理想树种。

5.4　水栎 *Quercus nigra* L.

水栎，亦称负鼠栎或斑点栎，常见于东南水道和低地的粉质黏土上。水栎为中型乔木，长速快，在被伐光的立地上常大量生长，在南部社区常作为庭荫树广泛种植。

5.4.1　气候特征

水栎适于生长在小溪流旁或潮湿高地，年降水量为 1270～1520mm，年降雪量为 0～50cm，无霜期 200～260d，南部 – 中部分布区的夏季温暖干旱，7 月最高温为 21～46℃，1 月最低温为 −29～2℃。

5.4.2　地理分布

水栎分布于新泽西州和特拉华州南部至佛罗里达州南部滨海平原；西至得克萨斯州东部；南从密西西比河谷至俄克拉何马州东南部、阿肯色州、密苏里州和田纳西州西南部（图 5.38）。

北　美　橡　树

图 5.38　水栎自然分布区

5.4.3　立地条件

　　水栎分布地区立地条件多样，从潮湿低地到排水良好的高地均有分布。生长最好的区域是位于冲积溪流底部高平地或脊上排水较好的粉质黏土或壤土。在低而平整排水差的黏土上，水栎的树形和质量不佳，在潮湿高地上能够存活。

图 5.39　树干颜色　　　　　图 5.40　水栎叶片和花

图 5.41　结果枝

图 5.42　水枥叶

图 5.43　水枥的自然景观

5.4.4　生长习性

（1）开花结果

水枥雌雄同株。雄花组成柔荑花序，雌花较少，花梗短，簇生于一处。几乎与叶同放，或稍早。雄花位于上 1 年枝顶部，雌花位于当年生枝与上 1 年枝的结合处。果实于第 2 年 9 月成熟。胚具有 2 个大而肉质的子叶，无胚乳。

花易被叶芽开放后的晚霜冻死。紧接着老叶掉落，形成新叶，但花不会第 2 次开放。

（2）种子生产和传播

20 年左右的树开始结果，结果量在丰收与欠收间转换。成熟树在丰年产的果实，约为 64.4kg/hm²，平均净种子产量为 880 粒 /kg。一般来说，具有发育能力的果实会沉于水，浮于水的很可能不会发芽。水枥果实由动物和水传播。

（3）幼苗生长

在限制条件下，水枥种子发芽需在发芽前处理打破休眠，光照条件下 30～32℃湿沙中层积处理 30～40d 或黑暗条件下 20～21℃层积处理 52～73d 能诱导种子发芽，

北　美　橡　树

60%～94% 的种子于 31～73d 后发芽。在自然条件下，种子于成熟后的春季发芽。发芽方式是地下式。

整个生长季需要充足的湿润条件，但不能忍受长时间的浸泡。在最佳条件下，最初 25 年水栎以树高 60cm/ 年的速度生长。

（4）生长和产出

水栎高达 38m，最初 50 年在一个立地上的生长高度为 18.3～33.5m，自然整形很慢，形成笔直柔软的主干。在良好条件下生长很快，10 年径生长为 15～30cm。在 36～46cm 直径等级里 10 年径生长为 7.8cm，在 51～71cm 直径等级里 10 年径生长为 7.4cm。水栎根系浅，开展。

（5）对竞争的反应

由于水栎早期生长慢，又不能忍受遮阴和竞争，竞争不过其他树种，是次建群种。水栎在林荫下发芽，但幼苗生长需要中等的光照强度，在受抑制或树冠中间位置，徒长枝很常见。树桩能够萌芽，可用作无性繁殖的插穗。

水栎易受火灾危害，甚至轻度烧伤即可杀害幼苗茎干，存活的树易得基腐病。

5.4.5 病虫防治

水栎的天敌主要是昆虫和微生物。昆虫有茎干蛀虫和飞虱（*Erythroneura* spp.）。较明显的病害有锥锈病（*Cronartium* spp.）、根腐病（*Ganoderma curtisii*），以及由许多生物引起的茎溃疡和心腐病。此外，水栎易被槲寄生（*Phoradendron flavescens*）寄生，除草剂如 2,4,5-T 和毒莠定复合物对水栎有毒害作用。水栎易受空气污染侵害，尤其是硫合物。

5.4.6 园林用途

水栎树体高大，树冠匀称，枝叶稠密，叶形美丽，色彩斑斓，观赏效果好，多用于景观树栽植；也是优良的行道树和庭荫树种，被广泛栽植于草地、公园和高尔夫球场等。

图 5.44　在景观绿化中的应用

5.4.7　其他用途

水栎适于用作木材、燃料，营建野生动物栖息地及森林，其胶合板已成功用于制作装水果和蔬菜的容器。

5.5　舒马栎 *Quercus shumardii* Buckley

舒马栎又名斑点栎、施内克栎、舒马德红栎、南方红栎和沼生红栎，是南方红栎类最大的种之一，生长在低海拔地区，与其他阔叶树零散分布于大小溪流潮湿、排水良好的土壤上，是一种优美的庭荫树。生长中等，每2~4年盛产果实1次，果实为野生动物重要食物来源。木材比大多数红栎优良，但区别不明显，常作为红栎木材售卖。

5.5.1　形态特征

树形呈金字塔形，在成熟过程逐渐转变，枝条开展，更像猩红栎。茎灰棕色，无毛，不像针叶栎那么发亮，老茎绿棕色，有着类似洋葱的表皮护套。芽重叠成瓦状，呈一定角度的卵形，长0.6~1.0cm，无毛，灰或白淡黄色，不显示红棕色，鳞叶表现出蜡质，并且很难见到鳞叶，是用于区别针栎和猩红栎的可靠特征。单叶互生，倒卵形至椭圆形，长10~15cm，宽7~10cm，通常为7裂，偶然为9裂，并深切至叶中脉，叶表亮深绿色，叶腋下有丛生柔毛，叶柄长4~6cm。雌雄同株。花期3月或4月；雄花着生于15~18cm的花梗上，雌花单生或成对着生于被短柔毛的花梗上。果实卵形，长2~3（4）cm，短梗，碟形壳斗厚而平，具被柔毛鳞片，包被坚果基部。坚果带有黑棕色线条纹。果实于第2年9月或10月成熟掉落。

图 5.45　舒马栎大树

北 美 橡 树

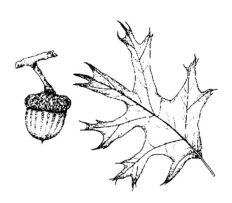

图 5.46 舒马栎叶与果实特征

5.5.2 气候特征

舒马栎通常生长于湿润温和的气候条件下，夏季炎热，冬季温和短暂。该种主要经济分布区的生长期为 210～25d，年平均气温为 16～21℃，年降水量为 1140～1400mm，年最高温为 38℃，年最低温为 -9℃，主要降雨集中于 4～9 月。从舒马栎在得克萨斯州和俄克拉何马州部分地区的生长表现可知，其具有耐旱性，因为该地区的年降雨量仅为 640mm。

5.5.3 地理分布

舒马栎分布于大西洋沿岸平原，最初从北卡罗来纳州到佛罗里达州南部，西至得克萨斯州中部，北从密西西比河谷至俄克拉何马州中部、堪萨斯州东部、密苏里州、伊利诺伊州南部、印第安纳州和俄亥俄州南部，肯塔基州及田纳西州也有分布（图 5.47）。

图 5.47 舒马栎自然分布区

5.5.4 立地条件

舒马栎在南部森林中排水良好的梯田、冲积地、大小溪流旁的悬崖上生长最佳。它被发现于滨海平原的底部，但在底部第 1 层很少见。对碱性和贫瘠土壤耐受性高。在试验种植中，舒马栎在 pH 近 7.5 的碱性土上依然表现良好。

5.5.5 生长习性

（1）种子生产和传播

舒马栎结实最低年龄是 25 年，达到最高产果期是 50 年，盛果间隔期是 2～3 年，每千克果实有 172～282 粒种子，平均 200 粒 /kg。果实是鸟类、白尾鹿和松鼠等野生动物优良的食物，动物储藏果实的同时也起到传播作用。果实内常含有多粒种子。

（2）幼苗生长

正如其他栎树一样，舒马栎发芽方式也是地下式。小气候、土壤等立地条件变化对舒马栎再生具有一定的影响，但这种影响相对种子营养供应的影响比较小。在年龄参差不齐的管理条件下，舒马栎再生更喜欢大的开放的环境。在年龄一致的管理条件下，砍伐种子树已经计划好，那非常大的或非常小的树应该留下来生产种子作为储备。

本种需要全光照来获得好的再生植株。在滨海平原，舒马栎多发现于富饶、排水良好、湿润的土壤上，但在干旱高地也能生长。

幼树的枝条光滑，棕绿色或淡灰色，第 1 年中期变为灰色或灰褐色。芽卵形具尖端，长 6mm，光滑，具紧密重叠的灰棕色或麦秆色鳞片。

图 5.48　幼苗　　　　　　　　　　图 5.49　秋季叶色

北　美　橡　树

图 5.50　结果枝　　　　　　　　　图 5.51　树干颜色

图 5.52　舒马栎在园林景观中的应用效果

（3）生长和产出

舒马栎高达 30.5m 以上，胸径 0.9～1.2m。其树干明显，树冠开展。在 1 份描写针叶林中阔叶树所占比例的报告中指出，在南部 11 个州所有立地上（针叶林和阔叶林）的材积为 7 300 000m³，针叶林材积为 3 400 000m³。在木材产量高的立地条件下，胸径 13～28cm 的木材超过 430 根 /hm²。在老的混合林中，舒马栎的材积总量高达 420m³/hm²。

（4）对竞争的反应

舒马栎不耐阴，需全光照、湿润的环境，这样的环境易被 1 年生植物入侵，影响舒马栎生长和扎根。但成熟舒马栎能利用化感作用抑制林下层植物生长。

舒马栎繁殖对一定时间完全水淹具有耐受性，这是在低洼地存活的必要特性，物种立地之间的关系是确定低洼地阔叶林再生潜能和延续传承的重要条件。水很可能是舒马栎生长季节长时间受洪水淹没的立地上的限制因子，如真正的沼泽地、深泥坑、回水区等地区。

舒马栎是山核桃林区的显著栎树树种之一，但在广泛的栎－山核桃林中并非优势树种。因此，舒马栎在生态学上的地位并不明确。

5.5.6　繁殖技术

种子繁殖：种子不需要处理即可发芽，但发芽时间较长。若播种前在 5℃条件下处理 30～45d，则可以提高发芽率，2～3 周即可发芽。每亩播种量在 100～250kg，播种时应将种子横放，以利于胚根向下生长。覆土厚度 2～5cm，当年苗高可达 20～40cm。

水栎抗逆性强、耐干燥、高温和水湿，抗霜冻和城市环境污染，抗风性强，喜排水良好的土壤，但在黏重土壤中也能生长。栎树主要用种子繁殖。水栎喜沙壤土或排水良好的微酸性土壤，耐环境污染，对贫瘠、干旱、偏酸性或碱性土壤适应能力强。

无性繁殖：在潮湿地不能繁殖，也不能通过扦插繁殖。

5.5.7　病虫防治

本种易受枯萎和叶部疾病侵害。叶疱病（*Taphrina caerulescens*）在某些年份是很常见的，枯萎病（*Ceratocystis fagacearum*）使密苏里州的舒马栎死亡，最常见的木腐真菌有 *Fomes* spp.、*Polyporus* spp. 和 *Stereum* spp.。专门侵害舒马栎的昆虫并没有，但许多昆虫侵袭南方栎树，有可能也会侵袭舒马栎。致使其落叶的昆虫有六月甲虫类（*Phyllophaga* spp.）、橙纹蛱虫（*Anisota senatoria*）、蚜蚱类（*Alsophila pometaria* 和 *Paleacrita vernata*）、森林天幕毛虫（*Malacosoma disstria*）、黄颈毛虫（*Datana ministra*）、变色毛虫（*Heterocampa manteo*）和红瘤蠖虫（*Symmerista canicosta*）。蛀杆虫有红橡木蛀虫（*Enaphalodes rufulus*）危害形成层和边材，木虫类（*Prionoxystus* spp.）危害心材和边材；以及哥伦比亚木材甲虫（*Corthylus columbianus*）危害边材。削弱长势的蛀虫有双纹长吉丁虫（*Agrilus bilineatus*）危害形成层，瓦角锯虫（*Prionus imbricornis*）危害根系。受虫侵害濒死的有栎树木蛀虫（*Arrhenodes minutus*）、金色栎鳞虫（*Asterolecanium variolosum*）危害老树的再生和顶部，通风栎瘿蜂（*Callirhytis quercuspunctata*）和长角栎瘿蜂（*C. cornigera*）危害小枝，阔叶叶潜蝇（*Baliosus nervosus*）危害叶片。

正如许多栎树一样，舒马栎的果实易被象鼻虫属的象鼻虫侵害，区分被象鼻虫侵害过的果实和健康果实的有效方法之一是通过坚果上的壳斗疤痕来判断，健康的果实疤痕颜色为明亮的浅棕色，而被侵害过的为暗褐色。

5.5.8　园林用途

舒马栎在国外栽培和应用都十分广泛，栎木木质优良，花纹精美，被广泛应用于家具和建筑中。舒马栎树姿雄伟，秋色缤纷，树木寿命长，是一种优良的绿化景观树种。舒马栎在欧美国家有深厚的文化内涵，美国和德国都把栎树作为国树。在英国有栎树林面积 22.27 万 hm^2，栎树也是英国田园风景的代表树种之一。

5.5.9　其他用途

舒马栎的果实是多种鸟类和哺乳动物的食物来源之一。在莫尔栎和阿什刺柏-红果刺柏林中，舒马栎果实可能是鹿的重要食物来源之一。商业上，舒马栎与其他红栎一起售卖，可制作地板、家具、内部装饰和壁橱。

北 美 橡 树

5.6 大果栎 *Quercus macrocarpa* Michaux.

大果栎，亦称蓝栎、青苔琴叶栎和胭脂栎，拥有原生栎树中最大的栎子。抗旱性强，可在干燥的高海拔和砂质平原上生长，也可在肥沃的石灰石土壤和潮湿低洼地与其他硬木混合生长。在西部，它是最开始入侵大草原的先锋树，并且常种植在防护林中。果实是野生动物

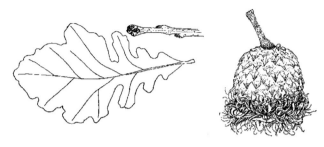

图 5.53　大果栎芽、叶与果的特征

的重要食物来源。木材商业价值高，作为白栎销售。大果栎种植比较容易，是良好的行道树或草坪树。

5.6.1　形态特征

树形从金字塔形至椭圆形，逐渐长出大量树皮并且成为由短枝构成的宽广树冠，树皮粗糙，渐变为深脊状的褶皱，颜色通常为深灰色至灰棕色。树叶单叶互生，倒卵形至长倒卵形，长 10～25（30）cm，宽约为长的一半，基部楔形或稀全圆，叶尾部有 2～3 对裂片，上面部分为 5～7 对钝倒卵形的裂片，叶表深绿色，且常无毛，叶背为浅灰色或被稍白的微绒毛，树叶形似一把低端的小提琴；叶柄长 3cm，有绒毛。芽鳞状，圆锥形至宽倒卵形，急尖或钝，苍白的短柔毛覆盖整个芽，茎较短，黄棕色，光滑或有绒毛，第 1 年后茎在一些树上会发展成木栓质棱。坚果单个，通常有高茎，长 1.2～2.8cm，宽卵形，尖有绒毛，1/2 或更多包裹于明显围绕坚果边缘的深覆盖物，单季熟。

5.6.2　地理分布

大果栎广泛分布于整个美国东部和大平原。从南部的新不伦瑞克省、缅因州中部、佛蒙特州和魁北克省南部，西至安大略省到马尼托巴省南部和萨斯喀彻温省东南界，南到北达科他州、蒙大拿州东南界、怀俄明州东北部、南达科他州、内布拉斯加州中部、俄克拉何马州西部和得克萨斯州东南部、阿肯色州东北部、田纳西州中部、西弗吉尼亚州、马里兰州、宾夕法尼亚州和康涅狄格州。它也生长在路易斯安那州和亚拉巴马州（图 5.54）。

5.6.3　气候特征

大果栎是北美栎树中最抗旱的树种之一，在其生长范围的西北部，年平均降水量低至 380mm。在这里，平均最低温度为 4℃，平均生长季节只持续 100d，而南部大果栎生长区年平均降水量超过 1270mm，最低温度为 -7℃，生长期为 260d。在伊利诺伊州和印第安纳州南部，大果栎生长最好，那里的平均年降水量约 1140mm，最低温度为 -29℃，生长期为 190d。

图 5.54　大果栎自然分布区

5.6.4　立地条件

　　大果栎在高海拔地区生长通常与石灰性土壤有关。在威斯康星州西南部的"无碛"区域，通常生长在石灰岩山脊上；在肯塔基州，在石灰岩上比在页岩和砂岩衍生的土壤上更易生长。在爱荷华州西部，它是石灰石或砂岩衍化的土壤上的优势树种。纵观许多中西部的草原地区，大果栎在沙地干旱平原、草原黑壤土及南部和西部肥沃的山坡均可生长。从分布区西部边缘看，如堪萨斯州东部，在更潮湿的朝北山坡上比朝南山坡上数量更多。大果栎在薄土、重黏土、砾脊和粗质黄土、丘陵恶劣土壤上占优势。在其分布区内，大果栎是一个重要的低海拔树种。在美国中部及其向南地区，它生长于潮湿的平原和丘陵上。向北，在密歇根州南部地区的湿低地森林中，在老冰川湖床和水路上略抬升的山脊上有大量生长。在伊利诺伊州北部和东部的爱荷华州，大果栎生长在草原和山地森林之间的边缘带，尤其生长在"分裂处"的外边缘，沿溪流峭壁和周围的石灰岩中。在大平原地区，它经常在溪流下段和溪流上段生长。在北达科他州，大果栎是密苏里河防涝林的重要组成部分，在附近的高阶地冲积平原的边缘大量生长，在冲积平原的中心低地附近并不存在，沿着相邻草坪和坡上，它是占领草原边缘的第1株树。在密苏里河沿岸及内布拉斯加州东部支流往往被成片大果栎覆盖，从生长近悬崖基部的小树到接近顶部生长的类似灌木型都有。在南达科他州西部的布莱克山和怀俄明州东北部的贝尔洛奇山，大果栎生长在黄松森林和草原之间的低海拔地区。在这片低海拔地区，树高范围为高海拔地带松树下灌木高度至沿溪流底部的 21m 高。

北　美　橡　树

图 5.55　大果栎大树及叶、果、枝

图 5.56　大果栎

图 5.57　树干颜色

5.6.5　生长习性

(1) 开花结果

大果栎雌雄同株；雌雄花各自形成柔荑花序，均着生于当年生小枝上。花在叶芽开放后接着开放，分布区南部 4 月开放而北部 6 月中旬开放。来自同 1 株上的花粉所得种子比来自其他株上的花粉所得种子更容易发芽，喜欢杂交授粉。

图 5.58　结果枝　　　　　　　　　　　图 5.59　果实特征

图 5.60　大果栎古树

（2）**种子生产与传播**

果实当年成熟，果实最早 8 月掉落，最晚 11 月掉落。种子掉落后不久便会发芽，但是南部的种子整个冬季都处于休眠状态，直到第 2 年春季才发芽，最低的具有生育力年限约为 35 年，最优的年限为 75～150 年，大果栎种子能存活 400 年之久仍具有生育力，比其他任何美国栎树都要古老。大果栎每 2～3 年出现 1 次盛果期，间隔期中没有果实产生或果实产量低。果实通过重力、松鼠及有限程度的水传播。

（3）**幼苗生长**

多种条件影响幼苗生长。在爱荷华州高地，当枯枝落叶清除掉后，大果栎种子的发

北　美　橡　树

芽率及早期生长最佳。种子发芽方式为地下式。当果实被枯枝落叶覆盖时，果实易被啮齿类动物窃取，新形成的苗更易受真菌和昆虫的攻击。内布拉斯加的一项研究表明，大约30%的种子在果实掉落1个月后发芽，新的幼苗没有白栎易受冻害。在可控条件下，白天温度31℃，夜间温度19℃下大果栎幼苗生长最快。在第1个生长季，保持相对高的白天温度和湿度（70%）有利于幼苗多萌芽抽梢，生长在持续光照下的幼苗萌芽数比在正常光照下多得多。

作为一种低地树种，大果栎相对不耐水淹，并且幼苗建立需要中湿肥沃土壤。在开放低地上，大果栎繁殖量大，但是第1年幼苗在生长季被水淹2周或超过2周的死亡率可达40%～50%。生长季被水淹时间短些的幼苗死亡率仅有10%～20%。尽管大果栎幼苗在生长季能忍受长达30d的连续水淹，但其根系生长速率大大降低，因此降低了其在洪水消退后的耐干旱能力。

基于蒸腾阻力与CO_2吸收阻力比的研究发现大果栎幼苗能有效利用水分。在水分利用效率方面，在叶片温度高达35℃时，大果栎比黑栎略低，比北方红栎、北美白栎和糖槭高，这与大果栎叶片单位面积上大气孔数量多及潜在的高蒸腾速率有关。

大果栎幼树根系生长速度快，其主根在叶片开展前就深入土壤中。在第1个生长季节末，大果栎根系深达1.37m，整个侧面根系扩展至76cm处。大果栎根系早期强壮地发展，以及高效的水分利用效率，也许能够解释为什么其是干旱地区的先锋树种，可以与草原上灌木和草成功竞争。

图5.61　大果栎景观效果

（4）生长和产出

大果栎长速慢。在爱荷华州高地12～16年的农场上，大果栎年平均高生长0.09～0.52m，径生长少于2.5～6.4mm。据报道，在北方大平原防护林中，纯净栽培下年平均高生长约 0.3m。

在爱荷华州，10～20cm 粗的大果栎 10 年平均径生长为 3.0cm，25～36cm 粗的大果栎 10 年平均径生长为 3.6cm，41～51cm 粗的大果栎 10 年平均径生长为 4.6cm，56cm 或更粗的大果栎 10 年平均径生长为 5.6cm。有报道称，在堪萨斯州，35～40 年生的大果栎 3.8 年平均径生长为 2.5cm。近似生长速度在密西西比三角洲北部亦有报道。

据说在俄亥俄山谷低处，有大果栎高达 52m，胸径 213cm。在条件更好的立地上，成熟大果栎高可达 24～30m，胸径达 91～122cm，可活 200～300 年之久。典型大果栎具有粗大干净的主干、宽阔开展的树冠及粗壮的枝条。

从威斯康星州南部开放地区及草原边境地区到南部和西部地区，大果栎经常是近纯林。它们树形开展，茎干短，大小一致。在内布拉斯加州东部 50～65 年树龄立地上的大果栎高 9～12m，树间间隔 3～12m。在这一地区的肥沃土壤上，大果栎能生长至 21m 高，但在干旱石灰岩山脊上的大果栎，150 岁时可能不足 7.6m 高。在明尼苏达州，在条件更差的立地上大果栎的寿命短。

在爱荷华州大果栎林中，木材材积预计为 15.4m³/hm²，其中 3/4 为大果栎的材积。

（5）生根习性

在幼树期，主根生长快速且侧根生长也很好。在密苏里州高地的黏土上，8 年的幼树，其主根超过 4.3m 长，主要侧根长 3.4m。在草原地区，大果栎和朴树的根系深至 3～6m 处，43 年生的大果栎虽然只有 6m 高，但其根系可横向伸至 12.5m 处。对 1 株胸径 36cm 的大果栎的研究显示，根系质量等于上部质量，根体积大约只有上部体积的 10%。

（6）对竞争的反应

大果栎中等耐阴，有的认为它比北方红栎和北美白栎耐阴，但在草原边缘上，大果栎立地常被黑栎、北美白栎和山核桃入侵。在明尼苏达州老的白松－大果栎林中的大果栎繁殖苗，在因受抑制而死亡前，只达到树苗的大小，这些立地被枫－美洲椴群落取代。

在俄亥俄州北部潮湿低地上，大果栎是黑桦木－美国榆－红枫林中的 2 级树种，林中还有小糙皮山核桃、洋白蜡、白蜡（ *Fraxinus americana* ）、针栎和沼生白栎。在排水更好的底部立地上，大果栎可能成功地被更耐受树种取代，如枫香（ *Acer saccharum* ）、美国椴木和美国山毛榉（ *Fagus grandifolia* ）。

在草原的边缘，大果栎是先锋树种，通常被北方针栎（ *Quercus ellipsoidalis* ）、黑栎、北美白栎和山核桃取代。在这些立地上的建群树是糖枫和椴木或糖枫和山毛榉。大果栎可能是南部非常干燥及稀薄石质土上的建群树。总的来说，这是一种能很好适应从干旱到中度湿润立地条件的树种。但是，在任何指定的立地上，在早期演替阶段，它的生长在很大程度上受限于植物群落。

5.6.6 繁殖技术

无性繁殖：燃烧或砍伐后，茎干会蓬勃发芽。除幼苗萌出的芽外，茎干上的萌芽质量和外形都很差。粗大的树也能萌芽。母树大小和年龄对于萌芽活力与质量的影响还不明确。在明尼苏达州，火烧后 5 年，60% 直径为 10～41cm 的大果栎产生芽，平均有 21 个活的茎干上有丛生芽发生，每丛茎中 3 个最高的活茎干平均高为 2.5m。

北 美 橡 树

图 5.62　大果栎大树

5.6.7　病虫防治

大果栎被以下几种落叶害虫侵害：东北部的红瘤蠖虫（*Symmerista canicosta*），南部的 *S. albifrons*、结网毛虫（*Archips fervidana*）、夜蛾（*Bucculatrix recognita*）、潜叶蝇（*Profenusa lucifex*）、变色毛虫（*Heterocampa manteo*）、六月甲虫（*Phyllophaga* spp.）及网蝽（*Corythucha arcuata*）。这些害虫严重地致使防护林种植区大果栎落叶，尤其是在干旱气候下。红蚧（*Kermes pubescens*）会使大果栎叶扭曲并杀死小枝。

大果栎栎树枯萎病（*Ceratocystis fagacearum*）不如红栎小组其他成员严重。虽然病菌从感染的大果栎传播到相邻栎树是不常见的，但病菌有时通过根嫁接传播，导致整个树林因逐渐从中心感染疾病并扩大致死。

大果栎容易被棉花根腐病（*Phymatotrichum omnivorum*）和 *Strumella* 溃疡（*Strumella coryneoidea*）感染。在宾夕法尼亚州 1 个 20 年的种植园中，一半的大果栎感染了 *Strumella* 溃疡疾病，近 1/4 的感染树死亡。其他已经从大果栎发病部位分离的真菌包括 *Dothiorella* 溃疡病和枯梢病（*Dothiorella quercina*）、茎溃疡病（*Phoma aposphaerioides*）、盾枯病（*Coniothyrium truncisedum*）和根腐病（*Armillaria mellea*）。

大果栎抗火损伤，加上抗干旱和疾病，也许是威斯康星州南部大部分地区出现大果栎"聚居"的原因。在明尼苏达州的糖槭－椴木群中有大量大果栎存在，归因于大果栎树皮厚，耐火，在反复燃烧下可存活，这使它与不耐火的物种竞争成功。

在其分布范围内的西北部，大果栎是一种抗旱树种。在爱荷华州严重干旱条件下，在未经放牧、干燥、裸露的边坡上大果栎均未受伤。然而，在放牧森林中，甚至在保护地上，干旱损伤时常发生，这是由于减少了通气量（践踏造成），限制了根系生长和吸收效率。

大果栎不耐水淹，在 2 个区域被永久淹没了的大果栎在 3 年内死亡。它比大多数的栎树更耐城市污染。

5.6.8　园林用途

大果栎树干光洁，叶片宽大，叶缘齿裂，叶面亮丽，是华北地区向阳温暖地带、河湖湿地的良好绿化树种。大果栎是所有栎树中适生范围最广的树种之一，是良好的城市园林及工业区绿化树种。

图 5.63　大果栎景观绿化的应用

5.6.9　其他用途

大果栎果实是红松鼠、木鸭、白尾鹿、新英格兰棉尾兔、鼠、十三线地松鼠及其他啮齿类动物的食物。

在堪萨斯州东部 pH 为 5.6 的煤矿废弃土上，大果栎在几个测试树种中表现更好。22 年后，它的平均高度达 8.5m，胸径达 12.2cm。由于其耐旱性，也广泛种植在防护林中。

北　美　橡　树

5.6.10 遗传家系

已经发现一个北方大果栎变种 *Quercus macrocarpa* var. *olivaeformis*。这种栎树果实经常在种子掉落后的春季发芽，而不是掉落后不久就发芽，层积能提高发芽率。果实大小是南方类型果实的一半左右，壳斗更薄更小。这一变种的纯净种子平均有 595 粒 /kg，而典型种只有 165 粒 /kg。这 2 种类型栎树是在同一地区发现的，正如在内布拉斯加州东部一样，典型大果栎在湿润立地上更常见。在这些地区会发生品种杂交。大果栎光周期生态型也已被认可。在一项研究中发现，在短时间里，偏北种源的茎生长约为偏南种源的 2/3，在长时间里，2 种源的茎生长几乎是相等的。

杂交种：大果栎与以下 7 种栎树杂交。与北美白栎杂交得 *Q.* ×*bebbiana*，与沼生白栎杂交得 *Q.* ×*schuettei* Trel.，与琴叶栎杂交得 *Q.* × *megaleia* Laughlin，与沼生栗栎杂交得 *Q.* × *byarsii* Sudw.，与清平扩栎（*Q. muehlenbergii*）杂交得 *Q.* × *deamii* Trel.，与柱杆栎杂交而得 *Q.* × *guadalupensis* Sarg.，与北美白栎杂交而得的 *Q.* × *bebbiana*，Bebb oak 是白栎杂交种中最常见的一种，广泛分布在两杂交亲本分布区的重叠区域。与甘布尔栎杂交得的杂交种是西部树种，有些特殊的是，其两亲本分布区并不重叠。

5.7 北方红栎 *Quercus rubra* L.

北方红栎亦称为普通红栎、东部红栎、高山红栎和灰栎，广泛分布于东部，生长于各种类型的土壤和地形上，常形成单一的群落类型，长速中等至快，是红栎类中重要的用材树种之一。树形好，叶浓密，易移栽，是广受欢迎的庭荫树。

5.7.1 气候特征

北方红栎自然分布区，西北部年降水量为 760mm，阿巴拉契亚山脉南部的年降水量为 2030mm；年降雪量变化极大，美国亚拉巴马州南部地区极少，其北部和加拿大分布区高达 254cm 或更多；分布区北部年平均温度约为 4℃，分布区南界平均温度为 16℃；北部无霜期为 100d，南部无霜期为 220d。

5.7.2 地理分布

北方红栎是唯一向东北部扩展至新斯科舍省的原生种，它生长于加拿大的布雷顿角岛、新斯科舍、爱德华王子岛、新不伦瑞克、魁北克加佩斯半岛到安大略；美国的分布区为：南从明尼苏达州至内布拉斯加州东部和俄克拉何马州，东至阿肯色州、亚拉巴马州南部、乔治亚州和北卡罗来纳州，在路易斯安那州和密西西比州也有发现，但较少（图 5.64）。

5.7.3 立地条件

在北部，北方红栎生长于凉爽潮湿的极地淋溶土和灰土上，母岩为砂岩、页岩、灰

图 5.64　北方红栎自然分布区

岩、片麻岩、片岩和花岗岩，从黏土至肥沃沙土，有的岩石碎片含量高。北方红栎在土层深厚、肥沃、排水良好的粉砂质黏壤土上生长最好。

尽管北方红栎在各种地形上都有分布，但在北部、东部或中部的海湾、深壑及排水良好的谷地生长最好。北方红栎可以在西弗吉尼亚海拔高达 1070m 和阿巴拉契亚山脉北部海拔高达 1680m 的地方生长。

决定北方红栎立地质量的最重要因素有土壤深度、土壤纵横纹理和斜坡的位置及形状。最好的地点是具有厚厚一层壤土或粉砂壤土的偏北或偏东风方向凹斜坡下部。其他可能影响立地质量的是水位深度和降水量，如密歇根州南部距地下水位的深度及西弗吉尼亚州西北部年降水量达 1120mm。

5.7.4　生长习性

（1）开花结果

北方红栎雌雄同株。雄花柔荑花序，着生上于 1 年生的叶腋处，花期与当年叶展开时间一样或更早，一般为 4 月或 5 月。雌花单生，或 2 至多朵成穗状，着生于当年生的叶腋处。果实含 1 个种子，单生或 2～5 聚生，被壳斗部分包被，2 年成熟。北方红栎成熟时褐色，从 8 月末至 10 月末开始成熟，成熟时间因地理位置而异。

（2）种子生产与传播

在森林群落中，25 年生北方红栎开始结果，但直到 50 年果实产量才最大。盛果间隔期不规律，通常每 2～5 年丰产 1 次。在丰产期，果实产量变化仍很大。有些树果实产量低而有些树果实产量高。树冠大小是影响果实产量最重要的因素，优势树或次优势

北 美 橡 树

树中树冠大而不紧密的比树冠小而紧密的果实产量更高。昆虫、松鼠、小老鼠、鹿、火鸡和其他鸟类损害的种子超过 80%，即使在丰产年，也只有约 1% 的种子才能够萌发，在欠收年这些动物可损害 100% 的种子。由于种子传播距离短，松鼠和老鼠的重力及缓存活动是种子传播的主要手段。

图 5.65　北方红栎、叶与果

图 5.66　秋季小苗叶色

图 5.67　春夏季小苗叶色

图 5.68　结果枝

图 5.69　北方红栎种子

（3）幼苗生长

北方红栎幼苗自然形成或在原立地清理干净时种植，不管被清理的区域多大，幼苗生长速度都不足以与强健的木本树萌芽和其他植被的生长速度竞争。乔木砍伐前，新的繁殖量将与之前繁殖量成比例。要想在新的竞争中获得成功，北方红栎提前繁殖的茎必须大，并有良好的根系。因此，北方红栎的成功再生取决于建立幼苗成活和生长的必要条件。

北方红栎发芽方式是地下式，发生于种子掉落的春季。当果实被矿物质土壤覆盖并覆有一薄层落叶凋敝物时，种子的发芽率最高。早春季节通常会过度干旱，如果种子在落叶凋敝物上面或与之混合，则会在适宜发芽温度来临前失去活性。

土壤湿度是影响北方红栎幼苗第1年存活的关键因素。在种子发芽期土壤湿度通常是充足的，发芽后伴随着主根的蓬勃快速发展，如果主根能渗透土壤，则幼苗在生长季节后期能耐受相当水分的胁迫，但北方红栎幼苗不如北美白栎或黑栎幼苗耐旱。

光照强度是影响北方红栎幼苗第1年存活及以后存活和生长的最关键因素。北方红栎在30%的光照强度下光合作用最强。在森林立地条件下，光照强度要低得多，然而地上15cm的幼苗便有竞争作用。有记录指出密苏里州该种水平下的光照强度是全光照下的10%或更少，太低可致幼苗不能存活和生长。

在森林里立足，北方红栎的幼苗需要几年才能成为真正的树苗。火、弱光照、过高或过低湿度或动物活动会伤害植物上部，但不会伤害其根系。根系旁的1至多个休眠芽会萌发出新的芽。这样的死亡和重新萌发会发生许多次，形成歪的、平顶或分叉的茎干。这样的茎干的根系比地上部老10～15年或更多。

北方红栎的萌芽是偶然性的，当水分、光照和温度条件有利时，芽增殖将在生长季节同时发生。初期一般是最长的，每次萌芽之后都伴随一个独特的休息时间，大多数的根伸长发生在休息时间。

北方红栎的种子繁殖、幼苗生长、萌芽是很慢的，常受限于未受侵扰或受轻微侵扰的立地条件，每年最多生长几厘米。

（4）生长状态

生长于良好、未受干扰的立地上的成熟北方红栎通常高20～30m，胸径61～91cm。森林群落中的北方红栎树干笔直高大，树冠大。开放生长的北方红栎树干短，树冠开展。

北 美 橡 树

图 5.70 北方红栎树干

图 5.71 芽

图 5.72 结果枝

　　在美国中部不同树龄、生长地和立地条件的北方红栎径年平均生长量为 5mm。在阿巴拉契亚山脉立地优良的土壤上，同一树龄的北方红栎优势种和同优势种径年平均生长量为 10mm；在同一立地条件下，树龄 50 或 60 的北方红栎径年平均生长量为 6mm。

在单一群落立地条件下，北方红栎的生长空间需求是未知的，而同一树龄混合栎树群的生长空间平均需求已经知道。对于生长空间的竞争，1 个群落的可用空间等于群落中所有树木的最大需求空间总量时便开始了。这是全区储备量利用的最低水平，约为全区储备量的 60%。1 株在开放或无竞争下生长的直径 15.2cm 的北方红栎最小生长空间约为 8.5m²。如果那株树是在开放或无竞争下生长的，它可以利用生长空间的最大量是 14.4m²。1 株直径 53.3cm 的北方红栎，最小和最大的生长空间分别为 26.5m² 和 45.7m²。金里奇开发的储备标准经验表明，北方红栎比同直径的其他栎树需要更少的生长空间，但是需要多少生长空间尚未确定。

（5）对竞争的反应

北方红栎中度耐阴。不如相关树种如枫香（*Acer saccharum*）、美国山毛榉（*Fagus grandifolia*）、椴树（*Tilia americana*）和山胡桃耐荫，但比其他树种如黄杨（*Liriodendron tulipifera*）、美国杞木及黑樱桃（*Prunus serotina*）耐阴，在栎树中，不如北美白栎和栗栎耐阴，与黑栎和猩红栎的耐阴程度一样。

如果被释放（引入）的树是共优势或中等以上级别树冠的树，则北方红栎对释放的反应良好。如果修剪或释放是针对同一年龄立地上的 30 年生栎树，则北方红栎对修剪和释放的反应最佳。生长于 30 年或更老的、条件优良的立地上的北方红栎，树冠狭小受限，且不能通过修剪和释放利用有效生长空间。在阿肯色州，50 年生的树释放后，10 年后栎径比未释放树平均增长 40%。尽管在释放的第 1 年径就会增长，但增长最快的是第 5～10 年，这一阶段的树年平均增长 0.5cm，是未释放树的 2 倍。在 30 年以上立地上的北方红栎重剪后萌发的嫩枝很多。收获位于开放地边缘的北方红栎后叶能萌发嫩枝，因为生长于条件优良立地上的北方红栎树干上有许多休眠芽。当树干突然暴露于光强增加的环境中时，这些休眠芽便开始萌发。

5.7.5 繁殖技术

无性繁殖：北方红栎容易抽芽。95% 的北方红栎在新的立地条件下能抽芽，利用种子繁殖或从被砍的树桩上萌芽。在伐木时老树桩受到损害时便有新芽萌发。新芽的高生长与受损老茎干的尺寸有关，尺寸越大，新芽的高生长越快。新芽长速快，笔直，形态好。

北方红栎抽芽的速速度比黑栎或北美白栎快，与猩红栎和栗栎大约一致。抽芽频率与母树树桩大小有关，母树树桩大的比母树树桩小的抽芽频率高。大树桩比小树桩抽生的芽更多，但 20～25 年生的树，每个树桩的芽数平均为 4～5 个，与母树树桩大小无关。芽生长很快，每年平均生长 61cm。这些树桩萌芽是无性繁殖的一个重要组成部分。抽生于更低处的芽不如起源于高树桩的芽衰落快，但它们基部往往出现严重的弯曲或匍匐在地。早期树丛稀薄可以提高潜在的质量，虽然这对保持良好的增长并不重要。

5.7.6 病虫防治

野火通过杀死树基形成层细胞，为腐烂真菌提供入口，从而严重损害北方红栎。野火也能对树干或锯材太小的北方红栎顶部造成严重损害。许多顶部遭受伤害的树会重新萌芽，形成新的同一年龄的北方红栎林，使原始北方红栎林遭受巨大的经济损失。北方红栎

北 美 橡 树

小苗会被火烧杀死，但是即使它们的顶部被杀死，大的茎干仍能够萌芽存活下来。

栎树枯萎病是北方红栎潜在的导管疾病，感染的当年就会死亡。它通常危害整个林中零散分布的个体或小团体，影响面积可达几公顷，通过树的根系移植，汁液饲养甲虫和小的栎树树皮甲虫传播病害。

菌索根腐病侵袭并杀死被火、光照、干旱、昆虫或其他疾病伤害或削弱的北方红栎。由 *Strumella* 和 *Nectria* 类引起的腐烂会伤害北方红栎的茎干，尽管很少会杀死，但受感染的茎干不能用作木材。对北方红栎造成严重损害的叶子疾病有炭疽病、叶疱病、白粉病及东方瘿锈病。

木虫、哥伦比亚木材甲虫、栎树木材毛虫、红橡木蛀虫和双纹长吉丁虫是侵害北美红栎树干的重要害虫，通过打隧道进入树体，使受侵害树的木材产量及质量严重下降。

最具毁灭性的致叶落的害虫为舞毒蛾，其会反复侵害栎树，侵害的栎树包括美国东南部广泛种植的北方红栎。北方红栎能从单纯的落叶侵害中恢复过来，但又可被其他疾病和昆虫侵害致死。其他的落叶害虫有可变栎叶毛虫、橙纹栎树蠕虫和褐尾蛾。此外，亚洲栎树象鼻虫幼虫取食北方红栎幼苗根系，成虫取食叶片，严重影响北方红栎幼苗生长。

对北方红栎果实造成伤害的多为坚果象甲虫、瘿蜂、栎树蠕虫和栎树蛾，在果实产量低的年限，这些昆虫会破坏整个果实产量。

5.7.7　园林用途

北方红栎树体高大，树冠匀称，枝叶稠密，叶形美丽，色彩斑斓，且红叶期长，秋冬季节叶片仍宿存枝头，观赏效果好，多用于景观树栽植；也是优良的行道树和庭荫树种，被广泛栽植于草地、公园和高尔夫球场等。其还是结合公路、荒山绿化及生态环境林建设，用作特种经济用材林营建的首选树种。

图 5.73　苗圃基地的北方红栎

图 5.74　北方红栎冬季树形

5.7.8　其他用途

由于北方红栎对称的外形和漂亮的秋季叶，被广泛种作观赏树。其果实是松鼠、鹿、老鼠、田鼠等哺乳动物和火鸡等鸟类的食物来源。抗城市污染能力强。材质坚固，纹理致密美丽，为良好的细木用材，可制作名贵的家具。

5.8 弗吉尼亚栎 *Quercus virginiana* Miller.

弗吉尼亚栎也被称为弗吉尼亚常绿栎，是一种常绿栎，具有许多形式，从灌木或矮生状到大而开展状都有，取决于立地状况。弗吉尼亚栎通常生长于低沿岸区域的沙壤上，也能生长于干旱沙质或潮湿肥沃的土壤上。鸟类和动物食用它的果实。弗吉尼亚栎长速快，幼树易移植，因而被广泛用作观赏树。叶大小和壳斗形状的差异可以区分典型的弗吉尼亚梭栎（*Q. virginiana* var. *fusiformis*）和沙地常绿栎（*Q. virginiana* var. *geminata*）。

5.8.1 气候特征

分布区气候：年降水量变化为得克萨斯州的810mm到墨西哥湾沿岸的1650mm到大西洋海岸和佛罗里达州的1270mm。在生长季节3～9月，平均降雨量变化为西部的460mm到东部和南部的660～760mm，西部夏季干旱比其他地区更常见，夏季平均温度为27℃，冬季平均气温变化为东部和西部的2℃到南部的16℃，东部和西部的无霜期为240d，佛罗里达州南部无霜期超过300d。

5.8.2 地理分布

弗吉尼亚栎发现于美国东南部低处沿岸平原上，从弗吉尼亚州东南部起，南至乔治亚州和佛罗里达州，包括佛罗里达群岛；西至得克萨斯州南部和中部，另外还零散分布于俄克拉何马州西南部和墨西哥东北部的山脉中（图5.75）。

图5.75 弗吉尼亚栎自然分布区

北 美 橡 树

5.8.3　立地条件

弗吉尼亚栎通常生长于沙质土壤上，具有耐盐性和耐碱性，这使其成为了大西洋和海湾沿岸障壁岛上栎树林中的优势种。在卡罗来纳州南部，它生长于干旱沙质土、潮湿肥沃土和湿润土壤上。在佛罗里达州的沙丘到山地，几乎每种生境中都能发现它的身影，在这些地方它通常是优势种。在路易桑娜州，弗吉尼亚栎是与沿海湿地接壤排水良好的山脊上的优势种。

5.8.4　生长习性

（1）开花和结果

弗吉尼亚栎雌雄同株。每年春季 3～5 月开花，果实长锥形，暗褐色至黑色，9 月成熟，12 月前掉落。

（2）种子生产和传播

弗吉尼亚栎每年都能产果，且产量高，最低结果年龄或果实产量高低的报道还没有，健康种子产量为 776 粒 /kg，通过重力和动物活动来传播。

图 5.76　弗吉尼亚栎树干颜色

图 5.77　树叶

图 5.78　结果枝

图 5.79　弗吉尼亚栎的种子

（3）幼苗生长

如果立地是潮湿而温暖的，则种子掉落后不久便发芽。发芽方式是地下式。由于象鼻虫的侵袭，过冬后几乎没有种子能保持活力，但其能被许多动物和鸟类食用。关于幼苗生长和发展的资料目前还没有报道。

（4）生长和产出

弗吉尼亚栎从未达到很高的高度，但其树冠冠幅可达 46m 或更大，开放环境下生长的主干直径为 200cm，平均高度为 15m。本种除具有观赏价值外，其商业价值较小，所以关于其长速和产量的相关报道还没有。

（5）生根习性

关于弗吉尼亚栎生根习性的资料还没有报道，但从其在受飓风干扰的立地上的成长和成熟能力可知，它是一种深根性树种。

（6）对竞争的反应

弗吉尼亚栎可以被准确地归类为中等耐阴树。在弗吉尼亚栎的分布区北部，其只有在近海岸才有优势，在那里不受到任何阔叶树种的竞争，因为其他阔叶树对盐度更敏感。低处沿海平原没有火害，这增加了它在该区域的数量。有利的生境一旦建立，它们便很顽强，能够承受所有竞争。

图 5.80　弗吉尼亚栎树干

图 5.81　树形 / 弗吉尼亚栎树胸径展示

北 美 橡 树

图 5.82　弗吉尼亚栎园林应用　　　　　　图 5.83　弗吉尼亚栎容器苗

（7）破坏性元素

弗吉尼亚栎树特别易受火害。它的薄树皮易被杀死，即使是轻度的地面火灾。受火害的树干易受昆虫和真菌侵害。它也易受冰冻伤害。枯萎病可造成弗吉尼亚栎数量下降，有报道称，在得克萨斯州每年有成千上万的弗吉尼亚栎因枯萎病而死亡，这种病疑似在南部其他州也有发生，被认为是严重病害。枯萎病由叶疱病引起，周期性地导致大量落叶。蛀杆虫可以侵害大西洋海岸弗吉尼亚栎的幼树根系，阻止树生长至正常的形状。此外，槲寄生寄生在树枝上；西班牙苔藓是一种附生植物，可以减弱到达树冠内部和下部的光，也能伤害植物。

5.8.5　繁殖技术

弗吉尼亚栎繁育以播种为主，也可以扦插，但扦插苗侧枝发达、主杆易弯，苗圃繁殖还是以播种为宜。播种一般选择在春季，种子干储或者沙藏，在来年 4 月初开始小拱棚育苗，一般 2 周后发芽、5 月中旬可以生长到 10cm 左右。弗吉尼亚栎小苗生长较慢，为了提高小苗生长速度，有课题组做了许多试验，最后摸索出弗吉尼亚栎反季节育苗技术，使小苗的生长速度提高了许多。

种子：以国内种植母树所结种子为例，母树胸径 15cm，已经结果 4 年。10 月 15 日采摘，这时种子还没有熟透，但已经坚实饱满。种子收集后在太阳下晾晒 2d，再放入薄膜袋中，把口折叠闷 2d，之后打开袋子会发现，种子已经开裂了，可以看见白色的嫩芽。

播种：10 月 20 日晴。提前 1 周把苗床整理好，一般畦面宽 1.5m 以内便于播种操作，长度视情况而定。播种土用腐熟过的有机肥、细土、沙子混合，比例为 1：2：1，浇 1 次透水待用，播种一定要在晴天进行。待大部分种子开裂发芽时，就可以播种了。播种时先把畦面拍平、洒水，待水渗透完后把种子按 10cm×5cm 行株距插进畦面内，要芽向上插。插播完成后覆盖 2cm 厚细沙，然后用细喷头把沙子喷洒透，插竹弓、盖薄膜，播种结束。

养护：11 月 5 日晴，打开薄膜检查，发现已经有褐红色小芽冒出。11 月 20 日多云，再次打开薄膜查看，小嫩芽已经有 6cm 高，部分已经有小叶片。11 月底温度开始降低，为保护小苗安全越冬，在晚上温度低于 3℃ 时，及时加双层拱棚。12 月 5 日晴，加双层拱棚，2 个拱棚之间相距要大于 20cm，利于储存热能，使内拱棚保温持久。双层拱棚加好后，尽量不要去打开，平时要检查有没有破损，如果发现破损要及时修补。待到来年 3 月根据当地升温情况来确定去掉外层拱棚的时间。

外层拱棚去掉后，打开内拱棚查看小苗情况，并拔除杂草。外层拱棚去掉 1 周后，根据天气情况开始开棚通风炼苗，并视情况洒水。在炼苗期间，晚上不要忘记把拱棚两头薄膜盖上，这有利于小苗生长和防止冻害，阴雨天可以不打开薄膜炼苗，炼苗到谷雨后，在最低温 7℃ 以上时，就可以把薄膜拱棚全部去掉，然后进入正常的苗期管理。

5.8.6　园林用途

弗吉尼亚栎属常绿乔木，单叶互生，枝密冠厚，叶形多变，耐寒性也比较强，是沿海滩涂盐碱土质绿化不可多得的常绿树种。弗吉尼亚栎自引进我国以来，生长性状表现很好，尤其是在沿海滩涂盐碱土质上生长表现优异。在引进繁育单位的努力推广下，其逐渐被绿化行业认可，应用范围也在不断扩大，弗吉尼亚栎小苗开始畅销。

5.8.7　其他用途

由于弗吉尼亚栎树冠低而开展，被广泛用作绿荫树和观赏树。其果味甜，大受鸟类和动物的欢迎。在木船时期，由于它的硬度和强度，广泛用于造船。

图 5.84　弗吉尼亚栎在园林景观中的效果

北　美　橡　树

图 5.84　弗吉尼亚栎在园林景观中的效果（续）

5.9　沼生栗栎 *Quercus michauxii* Nuttall.

沼生栗栎又称篮栎、奶牛栎，是南方重要木材树种之一，生长于阔叶混交林缘的溪流、沼泽低地等潮湿肥沃的土壤上。高质量的木材可用于建筑材料，也用于制作工具。果实甜，为野生动物的食物来源。

5.9.1　形态特征

树叶单叶互生，椭圆至长椭圆形，长 7.6～15.2cm，宽与长相似，末端裂片长渐尖，基部楔形，有时会变短，5～7 裂，表面亮深绿色，叶背浅绿色，叶腋有丛生柔毛；识别特征相对于猩红栎的 "C" 形裂片，其主裂片为 "U" 形；叶柄长达 5cm，细长。芽重叠成瓦状，圆锥形至卵形，急尖，灰棕色到栗褐色。茎第 1 年细长，浅绿色到棕色；第 2 年、第 3 年多为浅绿色。花叶同放，于 4～5 月开放。雄雌同株，果实几无果梗，单个或集群，无柄或短柄，果宽 1.9～3.2cm，长 2.5～3.8cm。壳斗近半球形，基部宽阔，包被 1/3 坚果，壳斗上的鳞片被柔毛，果实在 9～10 月成熟掉落。

5.9.2　气候特征

沼生栗栎生长于湿润温和气候区，夏季炎热，冬季短而温和，无明显的旱季。生长季平均为 200～250d，年平均温度为 16～21℃，年降水量为 1270～1520mm，年平均最高温为 38℃，年平均最低温为 −9℃，几乎 50% 的降雨发生在 4～9 月，7 月中旬正午平均相对湿度约为 60%。

5.9.3 地理分布

沼生栗栎分布区沿大西洋沿岸平原从新泽西州和宾夕法尼亚州极东区，南至佛罗里达州北部，西至得克萨斯州东部，北分布区有密西西比河峡谷至俄克拉荷马州极南区、阿肯色州、密苏里州东南部、伊利诺伊州南部、印第安纳州南部，到肯塔基州东南部和田纳西州东部（图 5.85）。

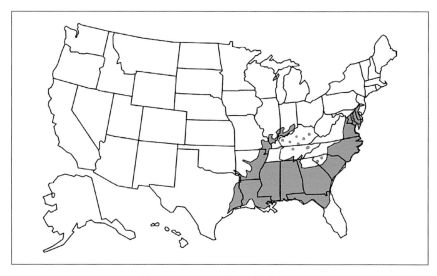

图 5.85　沼生栗栎自然分布区

5.9.4 立地条件

沼生栗栎广泛分布在第 1 底脊最佳排水的沃土上，主要发现于大小河流底部的粉质黏土和肥沃梯田及坡遗址上，贝伯勒壤土是促进沼生栗栎在南卡罗来纳州沿海地区生长最好的土壤条件代表，这种土壤类型发现于老成土和淋溶层。

图 5.86　沼生栗栎大树

北 美 橡 树

5.9.5 生长习性

（1）种子生产和传播

20～25年生树开始产果，40年生达到最佳产果量。每3～5年产果量较好，每千克果实约有187粒干净种子，种子产量为77～430粒/kg。果实非常可口，是白尾鹿、野猪和松鼠等动物的食物。由于松鼠囤积果实的量远远超过食用量，可能是传播种子最有用的动物。

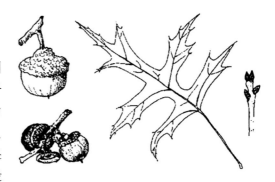

图 5.87　沼生栗栎果、结果枝、叶、芽的特征

图 5.88　沼生栗栎树形特征

图 5.89　秋季叶色

图 5.90　种子

图 5.91　营器培养小苗

图5.92　冬天树枝形态　　　　　　图5.93　树干与树形态

（2）幼苗生长

动物的活动极大地抑制了沼生栎通过种子更新。种子无休眠或休眠期很短，发芽方式为地下式。潮湿、排水良好的沃土上覆盖薄薄一层凋落物是最佳的苗床，第1年的高生长与土壤类型和排水有关，第2年的高生长仅与土壤类型有关，由此表明沼生栗栎是土壤敏感型的树种。

1年生幼苗的茎干通常光滑，但近顶芽处被绒毛，起初红褐色，第1年后变为灰色，尤其是基部比较明显。上部茎干具小、圆、不明显的皮孔。顶芽长约6mm，淡褐色，侧芽淡褐色，长仅约3mm，顶芽旁常簇生侧芽。

（3）生长和产出

沼生栗栎是中型至大型乔木，在好的生长地成熟树高可达30.5m。一般立地条件下通常高18～24m，树干直径为61～91cm。粗壮树枝以锐角上升，形成强壮树冠。有报道称，沼生栎与其他阔叶树生长在一起，总蓄积超过112m³/hm²，被列为原木高产地级。

（4）对竞争的反应

沼生栗栎不耐阴，需全光照，通常与藤本植物、1年生植物和最常见的阔叶林底部的灌木竞争激烈。据悉，沼生栗栎成熟时，可能由于化感作用，阻碍林下植被的生长。

（5）破坏性元素

许多真菌和孔虫为害沼生栎，包括腐木种层孔菌属、多孔菌属和韧革菌属的真菌。引发的病害有突发性的栎树叶疱病（*Taphrina caerulescens*）及栎树炭疽病（*Gnomonia veneta*）。

沼生栗栎果实常遭象鼻虫侵害，如 *Curculio pardalis*、*Conotrachelus naso* 和

北 美 橡 树

Conotrachelus posticatus，这些害虫食用种子。食叶害虫有六月甲虫（*Phyllophaga* spp.）、橙纹蛀虫（*Anisota senatoria*）、秋星尺蠖（*Alsophila pometaria*）、春星尺蠖（*Paleacrita vernata*）、森林天幕毛虫（*Malacosoma disstria*）、黄颈毛虫（*Datana ministra*）、变色毛虫（*Heterocampa manteo*）和红瘤蠕虫（*Symmerista canicosta*）。

钻心虫类包括危害形成层和外层边材的红橡木蛀虫（*Enaphalodes rufulus*）、危害心木和外层边材的木虫类（*Prionoxystus* spp.），以及危害外层边材的哥伦比亚木材甲虫（*Corthylus columbianus*）。消弱树体长势的有危害形成层的双纹长吉丁虫（*Agrilus bilineatus*）和危害根系的瓦角锯虫（*Prionus imbricornis*）。栎树木蛀虫（*Arrhenodes minutus*）可使栎树致死。金色栎鳞虫（*Asterolecanium variolosum*）危害老树的再生和顶部生长。通风栎瘿蜂（*Callirhytis quercuspunctata*）和宿栎瘿（*C. cornigera*）危害小树树枝，椴木美洲斑潜蝇（*Baliosus ruber*）危害叶片。

5.9.6　繁殖技术

以播种繁殖为主。种子播种后2～3周可发芽，成活率较高。

无性繁殖：沼生栗栎会从树根和树桩上萌芽，虽然不多。

图 5.94　沼生栗栎在景观绿化中的应用

5.9.7 园林用途

沼生栗栎树形优美，树冠塔形，高可达 24m，冠幅 10m，叶形独特，新叶亮红色，成熟叶片深绿色，有光泽，9 月变成橙红色，落叶晚期，树干光洁，叶片宽大，叶缘齿裂，叶面亮丽，是华北地区向阳温暖地带河湖湿地的良好绿化树种。沼生栗栎是所有栎树中适生范围最广的树种之一，是良好的城市园林及工业区绿化树种。

5.9.8 其他用途

沼生栗栎在各种建筑木材、农具、制桶、篱笆、篮子和燃料方面具有商业价值。

5.10 针栎 *Quercus palustris* Muenchhausen

针栎亦称沼栎、水栎和沼生西班牙栎，是速生大型乔木，发现于低地或潮湿高地上，常生长于排水不良的黏壤上。在俄亥俄山谷中生长最好。针栎木材坚硬质密，可作为一般的建筑用材和薪材。针栎易移植，能忍受城市环境中的许多胁迫，是良好的行道树和景观树。

图 5.95 针栎古树

5.10.1 气候特征

针栎分布区大部分为湿润的气候，仅西北部分布区为湿润半湿润气候。降水量从分布区西部和北部边界的 810mm 到阿肯色州和田纳西州的 1270mm，年平均气温和生长季天数从新英格兰南部的 10℃ 和 120d 到阿肯色州北部、田纳西州西部的 16℃ 和 210d 以上。

北 美 橡 树

5.10.2　地理分布

针栎的分布西从美国新英格兰西南部至加拿大安大略省南界，美国密歇根州南部、伊利诺伊州南部、爱荷华州；南至密苏里州、堪萨斯州东部和俄克拉何马州东北部；东至阿肯色州中部、田纳西州、北卡罗来纳州中部和弗吉尼亚州（图5.96）。

图 5.96　针栎自然分布区

5.10.3　立地条件

针栎主要分布于水平或近水平、排水差、黏土含量高的冲积平原和河谷底部的土壤中，常生长于在休眠期有断断续续的洪水，但在生长期没有洪水的立地上，在排水最差、生长季节可能被水淹没的地方没有分布。广泛分布于俄亥俄州西南部的冰碛平原、伊利诺伊州南部、印第安纳州和密苏里州北部排水不良的高地"针栎层"上。由于地势水平和土壤中黏土的存在，这些地方的冬季和春季往往过分潮湿。

5.10.4　生长习性

（1）开花和结果

针栎雌雄同株；花在春季与叶同放，雄花柔荑花序，生于上1年的叶腋处，雌花具短梗，生于当年生叶腋处，风媒传粉，果实于9～12月成熟。

（2）种子生产和传播

20年生左右的针栎开始结果，但开放环境中的针栎15年就开始结果。密苏里州东南部32～46年生栎树，14年的平均果实产量为210 300粒/hm²，变化范围为13 300～492 700粒/hm²。每3～4年出现1次果实欠收年。针栎果实由松鼠、老鼠、蓝鸟、啄木鸟传播。

针栎果实在冰冷水下浸泡 6 个月也不会损坏，这可能是由于其果皮厚，具有蜡涂层，可阻碍水的吸收。

种子需要在 0～5℃条件下层积处理 30～45d 打破休眠，发芽率为 68% 左右。

图 5.97　针栎叶与种子标本　　　　　　　图 5.98　秋季针栎叶色

（3）幼苗生长

种子发芽方式是地下式。针栎果实丰年后的幼苗形成量是丰富的。在密苏里州东南部，果实丰年后的夏季每公顷平均有 8650 株新苗。前 1 年夏天松过土的地区比未受干扰的地区成苗率更高。在冬季人工蓄洪 3 个月的临近区域，几乎没有幼苗形成，部分原因是许多果实被由冬季洪水吸引而来的数以千计鸭子食用掉。

尽管许多幼苗在丰年后形成，但由于林分过密、针栎不耐阴等，大多数幼苗会在 5 年内死亡。在这样的条件下，还有一些幼苗仍然可以生长 30 年之久，尽管它们生长很慢，死亡 - 萌芽循环频繁。

第 1 年的幼苗在生长季节易受浅水（顶部和叶子在水面上）淹没的侵害，根系生长停止，一些次级根死亡，几乎没有不定根形成。尽管在洪水中生长不良，洪水过后的生长恢复很慢，幼苗在浅水中存活可达 84d 之久的概率仍很高，但生长季节的针栎幼苗在完全淹没下仅可存活 10～20d。针栎与三叶杨、一球悬铃木和银槭一样在生长季节对浅水淹没的耐受力中等，不如水紫树（*Nyssa aquatica*）、洋白蜡和黑柳（*Salix nigra*）等植物。在休眠季节既不浅也不完全淹没的水对针栎幼苗会产生不利影响。

（4）生长和产出

针栎生长迅速。在密苏里州南部土壤养分肥沃的低地上，30 年生针栎胸径 28cm，树高 20m，50 年生针栎胸径大于 40cm。在好的低地上，75 年生针栎通常高达 24～27m，胸径 60cm，个别树甚至能高达 37m，胸径 150cm。

针栎对修剪的反应迅速。修剪后，针栎的树冠快速扩展，占领其他的生长空间，径增长也很迅速。在伊利诺伊州南部，37 年生树修剪后年均增长 8.8m³/hm²。40 年生胸径 27cm 或更大树修剪后的年均增长为 42m³/hm²，每年以 4.2～7.0m³/hm² 的速率增长。

北　美　橡　树

60～70 年生的低地针栎每年可产锯材 112～168m³/hm²。高山地－平原地上的针栎长速比低地上的针栎长速慢得多。针栎寿命短，在 80～100 年时达到生理成熟。对于最高能达到的年龄所知甚少，但在肯塔基州老的立地上树龄平均为 138 年。

　　针栎具一明显主干，即使在开放环境中，大多数树冠也具有明显的主干。在森林群落中针栎具有狭窄树冠，但是开放环境中树冠宽阔，对称，上部枝条朝上弯曲，中部树冠枝条水平，下部枝条朝下弯曲。这种分枝特性使得针栎具有明显的金字塔状树形。

图 5.99　各种树形及不同的叶色

针栎不会自我修剪整形。许多下部主干上的枝条在开放环境下仍活着，尽管这些枝条在厚密的环境中会死亡，但死亡的枝条仍会宿存许多年。这种特性使得木材上有许多针孔，它的俗名也是由此而来（有些学者认为它俗名是来源于其主要侧枝上许多短而似针状的枝条）。通过修剪去除下部枝条，但这种益处部分被接下来新徒长枝所抵消。如密苏里州同一立地上，将30年生胸径达4.9m的针栎原木锯下，12年后发现，修剪过的树具有的枝条数量不足未修剪的1/4。

生根习性：在通气良好的土壤上，针栎幼苗起初具有一个强壮的主根。但是随着幼苗长大，主根变得不明显，根系变为纤维状。移植时，裸根苗和小树苗能快速形成广泛纤维状的根系系统。

（5）对竞争的反应

针栎不耐阴，没有榆树、梣叶槭（*Acer negundo*）、枫香、美洲朴（*Celtis occidentalis*）和白蜡耐阴，但比三叶杨和黑柳耐阴。针栎通常生长于同一年龄立地上的优势和共优势树中，这些立地上的中间树种和受压迫树种由于被遮盖通常几年后会死去，在混合立地上的单一针栎通常是优势树种。针栎被认为是次建群树种，但是它在厚重湿润的土壤上可以持续生长，由于繁殖量大，如果经过修剪，其长速比其他竞争树种要快。

（6）破坏性元素

尽管针栎能够耐受休眠季节洪水淹没，但它不能忍受生长季节的水淹，针栎受1个季节连续水淹通常能够存活，但经2~3年连续水淹则会死亡。针栎被列为"中等"耐受生长季节水淹，同等耐受水淹的树种还有糖枫（*Acer saccharum*）、桦树（*Betula nigra*）、南方红栎（*Quercus falcata*）和舒马栎（*Q. shumardii*）；它耐受生长季节水淹的能力不如红枫、银槭、枫香、一球悬铃木、沼生白栎、美国榆（耐受）和东部三叶杨、洋白蜡、黑柳（非常耐受）等树种。

在密苏里州东南部的格林豪泰水库里，休眠季节被洪水淹没20年并未损坏针栎，但林分断面积生长的确降低了10%。然而，在同一片区域，大约5年后（即洪水淹没25年后），许多这样的树在平均水位及平均水位以上出现肿胀的情况。这些肿胀导致树皮上出现宽达10cm的纵向裂纹，从而使树干木质部暴露，引起有机体腐烂，导致这种现象的原因未知，可能与休眠季节持续水淹有关，因为在临近区仅受间歇性自然水淹的针栎并未出现类似的状况。

针栎树皮相对较薄，所以特别易被火伤害，然后因火伤而腐烂。

针栎易受大多数栎树病害侵害，包括栎树枯萎病（*Ceratocystis fagacearum*），尤其易受叶胞菌（*Taphrina caerulescens*）、枯梢病和枝条溃疡病真菌（*Dothiorella quercina*）及针栎守枯病（*Endothia gyrosa*）侵害。

针栎也是常见栎树昆虫的寄主，包括许多落叶害虫、蛀干害虫、瘿蜂和象鼻虫，针栎被列为舞毒蛾（*Lymantria dispar*）"最喜欢"的寄主，它也易被模糊鳞（*Melanaspis obscura*）、食叶虫（*Croesia semipurpurana*）、针栎锯蝇（*Caliroa lineata*）、猩红栎锯蝇（*C. quercuscoccineae*）、锯蝇（*Calinoa petiolata*）、森林天目毛虫（*Malacosoma disstria*）、卷叶螟（*Argyrotaenia quercifoliana*）、长角栎瘿蜂（*Callirhytis cornigera*）及通风栎瘿蜂（*C. quercuspunctata*）等侵害。伊利诺伊州南部数千公顷的针栎在过去25

北 美 橡 树

年里因长角栎瘿蜂、森林天目毛虫的爆发而遭受到严重的损害。

种植在碱性土壤上的观赏针栎常发生叶失绿症（黄色），严重时会导致树木死亡。这种失绿症起初被认为是缺少 Fe 引起的，但最近研究表明，这是一种更复杂的现象，涉及叶中 1 种或多种 Fe、Mn 或 Zn 等微量元素的缺乏，与叶中 1 种或多种 P、K 或 Mg 等大量元素的增加有关。在大多数案例里，这个问题可以通过使用硫酸盐调节土壤得到改善。在天然立地上的针栎不会出现失绿症，这些立地土壤偏酸性。

5.10.5 繁殖技术

无性繁殖：针栎易从幼嫩的树桩上萌芽，假如初始芽位于树桩的底部，则从母枝腐烂的发生率很低。顶端生理死亡或受伤后，幼苗容易从茎的休眠芽或根颈处发芽。

5.10.6 园林用途

针栎是很有价值的速生园林树种、非常美观的行道树。树形高大，树干笔直，树冠圆形到圆锥形，新叶栗红色，夏季叶片绿色有光泽，秋季叶色逐渐变为粉红色、亮红色或红褐色，极具观赏性。

5.10.7 其他用途

针栎果实是绿头鸭、木鸭秋季迁徙时的一种重要食物。针栎和其他低地栎树是低地猎鸭区的主要树种，在秋季和冬季被人为地淹没以吸引迁徙水鸟。针栎果实也是松鼠、鹿、火鸡、啄木鸟和蓝鸟的重要食物。

针栎木材与北方红栎相似，被统称为"红栎"销售，但是在针栎木材上的无数小疙瘩限制了其作为高质量产品的使用。

针栎易移植，又由于其长速快，树冠大而对称，秋季叶猩红色，被广泛作为庭荫树和观赏树栽植。

5.10.8 遗传家系

针栎没有种族或基因不同的分化，但这个群体的存在可能是由于其对洪水的耐性和抗缺铁黄化的差异性。

有如下 5 个针栎杂交种：与 *Quercus* × *mutabilis* Palmer & Steyerm. 杂交的 *Q. palustris* × *shumardii*、与 *Q.* × *vaga* Palmer & Steyerm. 杂交的 *Q. palustris* × *velutina*、与 *Q.* × *schochiana* Dieck 杂交的 *Q. palustris* × *phellos*、与 *Q.* × *columnaris* Laughlin 杂交的 *Q. palustris* × *rubra*，以及与 *Q. coccinea* 杂交的尚未命名的种。

5.11 西班牙栎 *Quercus falcata* var. *falcata*

西班牙栎，也被称为水栎或红栎，是一种更普遍的南部高地栎树种。其为中型乔木，在混合森林干旱的沙壤或黏壤上长速快，常被作为行道树或草坪上的景观树。

5.11.1　气候特征

西班牙栎生长于温和潮湿地区，夏季炎热，冬季温和短暂，无明显干旱的季节。年平均降水量在1020~1270mm，其中一半是在4~9月生长季节降落的。整个分布区的气候特征为，年平均温度为16~21℃，日极端最高温度和最低温度分别为38℃和−18℃；在分布区北界，年平均温度为10~15℃，日极端最低温度和最高温度分别为−23℃和38℃。

5.11.2　地理分布

西班牙栎分布区自纽约州长岛，向南延伸至新泽西州、佛罗里达州北部，西跨国家海湾至得克萨斯州布拉索斯河，北至俄克拉何马州东部、阿肯色州、密苏里州南部、伊利诺伊州南部、俄亥俄州和弗吉尼亚州西部。它在北大西洋的国家比较罕见，只生长在海岸附近。在南大西洋的国家主要生长在山麓地带；在沿海平原分布较少，在密西西比三角洲底部土地上比较罕见（图5.100）。

图 5.100　西班牙栎自然分布区

5.11.3　立地条件

西班牙栎归类为高地栎树种，生长于干旱的沙壤或黏壤上，也广泛生长于沙壤、沙质黏壤和粉质黏壤土上，偶尔生长于溪流底部的肥沃土壤上，但长势最好。总之，西班牙栎最常生长在老成土和淋溶土上。

整个分布区，西班牙栎最常见于沿海平原和山麓地区海拔610m的地方。它通常生长于南向或西向干旱山脊顶部和斜坡上部，在北向或东向潮湿斜坡下部和底部土壤上很少分布。

北 美 橡 树

5.11.4 生长习性

（1）开花和结果

西班牙栎雌雄同株，大部分分布区的花期为 4 月或 5 月。雄花柔荑花序，雌花单生或 2 至多朵成穗状花序。

果实单生或对生；薄而浅的壳斗包被 1/3 或更少的坚果。果实在第 2 年花后的 9 月、10 月成熟，种子在期间掉落。

图 5.101　西班牙栎树叶

图 5.102　种子

（2）种子生产和传播

25 年生树开始产果，但最大产果量通常是 50 年生和 75 年生树。纯净种子产量为 620 粒 /kg。秋季育苗比春季育苗效果好。为达到第 1 年最高存活率，其种子种植深度应小于 1.5cm，苗床密度为 18～23 粒 /m²。秋季育苗床应该覆盖上叶片或稻草，并以钢丝网或其他有效材料加以固定，能够防止啮齿动物的破坏。为大田种植培育小规格的幼苗是没有必要的，应培育大而健壮、根系更好的植株。

在天然立地条件下，陡坡上的栎树种子通过重力传播是很重要的，松鼠储藏也是一种重要的种子传播方式。

图 5.103　结果枝

图 5.104　树干颜色

（3）幼苗生长

自然条件下西班牙栎在种子掉落后春季发芽，在寒冷潮湿的环境下层积，发芽率最高，种子发芽方式是地下式。

（4）生长和产出

成熟时，西班牙栎是中型树，高20～25m，胸径60～90cm。在森林群落中，西班牙栎树干长而直，枝条向上生长，形成高而圆的树冠。在浓密的森林中，自然修剪优良。树龄最高达150年。

利用直径和整个树高来预测鲜重、干重、幼树绿量、树干大小和锯材原木量的模型均已建立。树平均鲜重的70%存在直径10cm的茎干材料中，30%存在于树冠材料中，总木平均比重为0.604，平均含水率为74%，平均绿量为1057kg/m³。整个地上部分的木材和树皮平均质量为1297kg/m³。西班牙栎的生长量和产量数据还没有。

图5.105　西班牙栎容器苗

（5）对竞争的反应

西班牙栎中等耐阴，或与其他相关树种比较，不耐阴。西班牙栎枝徒长严重，尤其是最新种植的植株。徒长枝会降低木材质量，研究表明在密集立地上生长的西班牙栎木材质量好。

修剪砍伐有利于西班牙栎再生新的枝条。早期去除树冠上层的多余枝，防止徒长枝形成，对防止木材质量降低尤为重要。

北 美 橡 树

(6) 破坏性元素

西班牙栎由于树皮薄，火易致其受伤。火造成的伤疤及其他伤害，使本种易受心腐病侵袭。由粗毛黄褐孔菌（*Polyporus hispidus*）造成的溃疡和腐烂很普遍。其他常见的腐烂真菌有猴头菌（*Hydnum erinaceus*）、硫黄菌（*Polyporus sulphureus*）。西班牙栎易受由栎枯萎病菌（*Ceratocystis fagacearum*）引起的枯萎病侵袭，炭团菌属的几个种已被发现危害枯萎的树干，造成黄色的溃烂。很明显栎枯萎病菌不能与炭团菌竞争。由栎缩叶病（*Taphrina caerulescens*）造成的水疱引起的叶斑病能对西班牙栎的叶片造成严重伤害。

干旱和蛀干害虫的危害是造成南卡罗来纳沿岸西班牙栎减少和死亡的原因。

西班牙栎幼苗常被山核桃螺旋透翅蛾（*Agrilus arcuatus torquatus*）和蛀干虫（*Aneflormorpha subpubescens*）危害致死。

与其他许多栎树一样，西班牙栎的果实也易受象鼻虫及蠕虫危害。

生长于贫瘠土地或受伤的西班牙栎易受蛀杆害虫和蛀树皮害虫的侵害。危害木材的害虫致使落叶和影响干形。

5.11.5 繁殖技术

无性繁殖：西班牙栎顶部被截断后，旺盛的芽从截后的茎干上萌发出来。直径25.4cm以下的幼嫩茎干上很容易萌芽。由于具有良好的根系系统，无论立地质量如何，新萌出的芽都能够快速生长约20年。预测12年生和30年生更新萌芽径生长和竞争力的模型已建立，该模型利用5年生萌芽的高度数据进行预测。从生根后的萌芽枝条和成熟枝条剪取插穗进行扦插繁殖均可获得植株，当选取第1次萌芽枝木质化后或第2次萌芽开始之前直径为6.4mm或更大的枝条作穗条时，其生根率会增加。穗条越粗，生根后其成活率也越高，更粗的穗条生根后其成活率也更高。

5.11.6 园林用途

西班牙栎是优良的城市观赏树种，树冠匀称，幼树卵圆形，随着树龄的增加逐渐变为圆形，叶子形状美丽，色彩鲜艳。秋季叶色逐渐变为红色，充足的光照可以使秋季叶色更加鲜艳。嫩枝呈绿色或红棕色。坚果棕色。西班牙栎在街道、公园、校园和球场用作遮阴树，广泛用于城市绿化，同时具有生态价值，可用于地被恢复，特别适合大面积栽培。

5.11.7 其他用途

西班牙栎用途广泛：木材、人类和动物的食材、燃料、分水岭防护、遮阴、观赏和鞣酸提取等。

5.11.8 遗传家系

西班牙栎的9个杂交种已被鉴定出来。它们是与 *Q. ilicifolia* 杂交而得的 *Q. ×caesariensis* Moldenke、与 *Q. imbricaria* 杂交而得 *Q. ×anceps* Palmer、与 *Q. incana* 杂交

图 5.106　西班牙栎在景观绿化中的应用

而得 *Q.* × *subintegra* Trel.、与 *Q. laevis* 杂交而得（ *Q.* × *blufftonensis* Trel. ）、与 *Q. laurifolia* 杂交而得 *Q.* × *beaumontiana* Sarg.、与 *Q. marilandica* 杂交而得 *Q.* × *garlandensis* Palmer、与 *Q. nigra* 杂交而得 *Q.* × *ludoviciana* Sarg.、与 *Q. phellos* 杂交而得 *Q.* × *wildenowiana*（ Dippel ）、与 *Q. velutina* 杂交而得 *Q.* × *pinetorum* Moldenke。

北 美 橡 树

参考文献

曹小勇. 2005. 栓皮栎橡子中氨基酸和矿质元素的含量分析 [J]. 种子，（8）：90-91.

陈培昶，李跃忠，徐颖，等. 2007. 危害进口色叶乔木的主要有害生物及发生特点 [J]. 中国森林病虫，26（5）：31-34.

陈益泰，孙海菁，王树凤，等. 2013. 5 种北美栎树在我国长三角地区的引种生长表现 [J]. 林业科学研究，26（3）：344-351.

程衬衬，淮稳霞，姚艳霞，等. 2012. 栎树猝死病病菌国外研究进展 [J]. 中国森林病虫，31（1）：27-32.

丁彤. 2012. 北美红栎无性繁殖体系的研究 [D]. 安徽：安徽农业大学硕士学位论文.

冯健. 2015. 我国栎类遗传育种研究进展 [J]. 辽宁林业科技，（1）：43-47.

高立琼，陈丽冰，杨倩，等. 2015. 橡子淀粉制备及其理化性质研究 [J]. 食品科技，（4）：215-218.

郭利勇，周洲，郭豫光. 2008. 河南省栎树资源的综合开发利用 [J]. 安徽农业科学，（5）：1830-1831.

韩家永，王祥岐，倪薇，倪柏春，等. 2012. 橡子选优及繁育技术研究 [J]. 林业勘查设计，（1）：63-66.

韩伟，张全，佟明友，等. 2013. 橡子粉性质及酶解条件研究 [J]. 安徽农业科学，14：6450-6451.

胡芳名，李建安. 2000. 湖南省主要橡子资源综合开发利用的研究 [J]. 中南林学院学报，20（4）：41-45.

黄建琴，徐弈鼎，王烨军，等. 2008. 安徽省橡子资源及其开发利用 [J]. 安徽林业科技，（Z1）：27-28.

黄利斌，窦全琴，汤槿，等. 2014. 栎树的生物学特性与栽培研究综述 [J]. 江苏林业科技，41（6）：43-50,54.

黄利斌，李晓储，朱惜晨，等. 2005. 北美栎树引种试验研究 [J]. 林业科技开发，19（1）：30-34.

黄利斌. 2007. 北美栎树引种栽培技术研究 [D]. 南京：南京林业大学硕士学位论文.

黄泽东. 2014. 能源植物栓皮栎与辽东栎果实的发育和成分分析 [D]. 北京：北京林业大学硕士学位论文.

贾波，王红敏，周苗，等. 2008. 危害栎属、栗属主要象甲调查与综合防治 [J]. 河南林业科技，02：54-55.

贾立华，谭修龙. 2015. 栎树性状知多少 [N]. 中国花卉报，5-12（A04）.

江昱. 2011. 栎属植物资源在上海城市绿地中的应用 [J]. 吉林农业，（6）：250-251.

江泽平，王豁然，吴中伦. 1997. 论北美洲木本植物资源与中国林木引种的关系 [J]. 地理学报，52（2）：169-176.

姜孟霞，田俊江，赵英学，等. 2014. 发展橡子能源产业的建议 [J]. 林业勘查设计，（4）：1-2.

黎云昆. 2008. 橡树杂谈 [J]. 绿色中国，13：68-69.

李安平，谢碧霞，田玉峰，等. 2011. 橡子淀粉生料发酵生产燃料酒精工艺研究 [J]. 中国粮油学报，（3）：91-94.

李百胜，吴翠萍，安榆林，等. 2005. 国外栎树突死病菌的检疫措施及我国应采取的应对策略 [J]. 检验检疫科学，15（3）：58-61.

李记明. 2010. 橡木桶葡萄酒的摇篮 [M]. 北京：中国轻工业出版社.

李建强. 1996. 山毛榉科植物的起源和地理分布 [J]. 植物分类学报，34（4）：376-396.

李睿琦. 2004. 壳斗目植物的系统发育研究 [D]. 北京：中国科学院研究生院（植物研究所）博士学位论文.

李守海,2011. 橡子基复合高分子材料的制备与性能研究 [D]. 北京：中国林业科学研究院博士学位论文.

李守海，庄晓伟，王春鹏，等. 2010. 橡子壳纤维 / 聚乳酸复合材料的结构与性能研究 [J]. 化工新型材料，S1：45-48，98.

李迎超，厉月桥，王利兵，等．2013．木本淀粉能源植物栓皮栎与麻栎的资源调查以及分布规律 [J]．林业资源管理，（2）：94-101．

刘春林，曹基武，吴毅，等．2008．几种国外栎属树种引种育苗试验 [J]．林业科技开发，22（1）：78-80．

刘德良，李吉跃，左家哺，等．2006．美国城市林业概述 [J]．世界林业研究，19（3）：61-65．

刘娜娜．2010．长三角平原水网地区耐湿景观树种引种适应性评价与选择 [J]．中南林业科技大学学报，30（8）：47-52．

刘仁林，王娟，廖为明．2009．10种壳斗科植物果实主要营养成分比较分析 [J]．江西农业大学学报，05：901-905．

刘仁林，王玉如，廖为民．2009．白栎淀粉加工技术研究 [J]．江西食品工业，04：23-24，20．

刘仁林，朱恒，李江，等．2009．白栎果实6大营养成分积累的动态规律 [J]．经济林研究，（4）：7-11．

刘述河，丁朋松，金丽凤，等．2011．上海地区国外树种引种调查分析 [J]．中国农学通报，27（31）：305-309

刘振西．1994．栎树资源及其开发利用述 [J]．湖南林业科技，（9）：56-59．

卢欣石．1997．美国植物遗传资源系统管理与发展 [J]．国外畜牧学——草原与牧草，（1）：11-16．

栾泰龙，郑焕春，李淑玲，等．2014．橡子淀粉乙醇化酵母菌种的筛选 [J]．安徽农业科学，（36）：13028-13030．

罗伟祥，张文辉．2009．中国栓皮栎 [M]．北京：中国林业出版社．

马立然．2012．橡子多酚的提取、微胶囊化及其性能的研究 [D]．长沙：中南林业科技大学硕士学位论文．

孟荣富．2010．橡木品鉴 [M]．北京：中国林业出版社．

聂涛，余珂，2000．论橡木、橡胶木的分类与鉴别方法 [J]．江西建材，（4）：22-24．

牛兴良．2015．抚顺地区橡子生物能源开发利用对策 [J]．中国林副特产，（2）：88-90．

潘丕克，蒋建新，徐庆祥，等．2012．天然橡子粉转化乙醇工艺研究 [J]．化工进展，（S1）：116-118．

石玉波．2010．遮光与淹水胁迫对白栎生理特性的影响 [D]．哈尔滨：东北林业大学硕士学位论文．

舒洪岚，楼浙辉．2004．美国城市林业发展的历程 [J]．江西林业科技，（2）：63-65．

邰举．2004．"橡子素"将引起保健新革命 [N]．科技日报，2004/05/14．

田玉峰，李安平，谢碧霞，等．2010．橡子淀粉可食用性技术的研究 [J]．中南林业科技大学学报，30（7）：94-99．

田玉峰，李安平，谢碧霞，等．2011．橡子淀粉生物乙醇化橡子品种和菌种的筛选 [J]．食品科学，（7）：207-210．

田玉峰．2011．橡子淀粉生料发酵产酒精的研究 [D]．长沙：中南林业科技大学硕士学位论文．

铁铮．2006．远眺近观美国城市森林建设 [J]．中国林业产业，（2）：56-58．

汪泉．2014．云端的橡果 [J]．文苑（西部散文），（9）：43-44．

王立中，李华，韦昌雷．2005．大兴安岭蒙古栎主要病虫鼠害及其防治技术 [J]．防护林科技，（5）：92．

王连珍，郎庆龙，夏兴宏，等．2013．柞树种质资源研究进展 [J]．蚕业科学，39（4）：805-811．

王涛，李凌，厉月桥，等．2014．中国能源植物栎类的研究 [M]．北京：中国林业出版社．

王小民，孙志岚，田晓东．2001．野生橡子替代玉米饲喂肥育猪试验 [J]．中国饲料，（3）：27-28．

王紫雅，杜先锋．2012．橡子（杯状栲）淀粉的凝胶特性研究 [J]．食品工业科技，（19）：150-154．

王紫雅．2012．橡子（杯状栲）淀粉的理化、凝胶性质研究 [D]．合肥：安徽农业大学硕士学位论文．

吴保光．2009．美国国家公园体系的起源及其形成 [D]．厦门：厦门大学硕士学位论文．

吴平，胡蝶，曾红华，等．2011．锥栗原淀粉及其分离组分的热力学特性 [J]．中国粮油学报，（2）：38-42,51．

吴媛，包志毅．2008．栎属植物资源及其在园林中的应用前景 [J]．北方园艺，（7）：174-177．

谢碧霞，谢涛，2002．我国橡子资源的开发利用 [J]．中南林学院学报，22（3）：37-41．

谢碧霞，谢涛，钟海雁．2003．橡子淀粉漂白工艺的研究 [J]．食品科学，（4）：71-74．

北 美 橡 树

谢碧霞，谢涛. 2004. 橡子淀粉多晶体系结晶度测定 [J]. 食品科学，（1）：56-58.

谢碧霞，钟秋平，李安平，等. 2007. 湿热处理对橡子淀粉特性影响的研究 [J]. 食品科学，（3）：104-106.

谢涛，谢碧霞. 2003. 小红栲淀粉颗粒特性研究 [J]. 食品科学，（1）：33-36.

谢涛，张儒，王焕龙. 2011. 几种小红栲变性淀粉的糊化与回生特性 [J]. 食品工业科技，（8）：77-79，83.

谢涛. 2002. 橡子淀粉主要理化功能特性的研究 [D]. 长沙：中南林学院硕士学位论文.

许浩. 2008. 美国城市公园系统的形成与特点 [J]. 华中建筑，（26）：167-171.

许美琪. 2014. 可持续发展的美国硬木 [J]. 家具，35（5）：1-7，19.

薛茂贤. 1987. 栎树—温带气候区的多用途树木 [J]. 浙江林业科技，7（6）：46-48.

杨静，蒋剑春，张宁，等. 2012. 橡子与木薯、玉米淀粉理化性质的对比研究 [J]. 安徽农业科学，33：16362-16365.

杨静，蒋剑春，张宁，等. 2013. 橡子单宁的超声波提取工艺优化 [J]. 林产化学与工业，（6）：81-84.

杨舒婷. 2014. 我国壳斗科淀粉资源植物的研究与开发利用 [J]. 江苏农业科学，（5）：324-327.

杨武英，丁菲，李晶，等. 2005. 八种野生壳斗科植物果实营养成分的分析研究 [J]. 江西食品工业，（3）：23-24.

叶建仁，贺伟. 2011. 林木病理学 [M]. 3 版. 北京：中国林业出版社.

尹月斌，涂宗财，王辉，等. 2013. 白栎淀粉的特性 [J]. 食品科学，（1）：57-60.

遇文婧，宋小双，赵红盈，等. 2014. 牡丹江地区栗实象甲生活史及发生规律研究 [J]. 林业科技，（5）：24-26.

张金香，王海霞，杨鸿飞. 2014. 栎树利用价值及资源培育 [J]. 河北林业科技，（3）：76-77.

张金香. 2012. 栎树资源开发利用及培育 [A]// 第十四届中国科协年会第 6 分会场. 林业新兴产业科技创新与绿色增长学术研讨会论文集.

张劲松，周新锋，彭凯，等. 2014. 蒙古栎橡子象虫的发生与防治 [J]. 现代农业科技，（1）：191.

张盼，俞辉，项彬彬，等. 2012. 加热对橡子淀粉抗氧化活性的影响 [J]. 食品科学，（13）：116-118.

张荣忠，2005. 美国的植树节 [J]. 森林与人类，（3）：51.

张文辉，周建云，何景峰. 2014. 栓皮栎种群生态与森林定向培育研究 [M]. 北京：中国林业出版社.

张玉钧. 2003. 美国树木学的发展概况 [J]. 世界林业研究，16（2）：47，64.

张执中. 2011. 森林昆虫学 [M]. 北京：中国林业出版社.

赵承开，1997. 美国的城市林业 [J]. 湖南林专学报，（4）：94-98.

赵文恩，张晓阁，胡水涛，等. 2010. 双氧水氧化橡子淀粉的实验研究 [J]. 郑州大学学报（工学版），（2）：72-75.

赵晓锋，张全，姚秀清，等. 2012. 橡子制备燃料乙醇菌种筛选及工艺考察 [J]. 安徽农业科学，（34）：16722-16724.

郑菲. 2011. 橡子壳多酚分离纯化、抗氧化及抑菌的研究 [D]. 长沙：中南林业科技大学硕士学位论文.

郑万钧. 1984. 中国树木志 [M]. 北京：中国林业出版社.

钟秋平，谢碧霞，李清平，等. 2008. 高压处理对橡子淀粉黏度特性影响的研究 [J]. 中国粮油学报，（3）：82-85.

钟秋平，谢碧霞，王森，等. 2008. 高压处理对橡子淀粉凝胶体质构特性的影响 [J]. 食品科学，（3）：66-70.

周伟，夏念和. 2011. 我国壳斗科植物资源——尚待开发的宝库 [J]. 林业资源管理，（2）：93-96，100.

周浙昆. 1993. 栎属的历史植物地理学研究 [J]. 云南植物研究，15（1）：21-33.

周浙昆. 1992. 中国栎属的起源演化及其扩散 [J]. 云南植物研究，14（3）：227-236.

朱璇. 2006. 美国国家公园运动和国家公园系统的发展历程 [J]. 风景园林，（6）：22-25.

Missouri botanical garden. A visual guide- problems of oaks. www.gardeninghelp.org. [2015-6-13]

Dirr M.A.2010. Dirr's Tree and Shrub Finder.Portland: Timber Press Inc.

Elbert L L Jr. 1979. Checklist of United States Trees（Native and Naturalized）（Agriculture Handbook, No. 541）[M]. Washington, DC: U.S. Department of Agriculture: 375.

Elias T S. 1980. The Complete Trees of North America: Field Guide and Natural History[M]. New York: Times Mirror Magazines, Inc. NY. 948.

Eyre F H. 1980. Forest Cover Types of the United States and Canada[M]. Washington DC: Society of American Foresters: 148.

Fowells H E. 1965. Silvics of forest trees of the United States. Agriculture Handbook No. 271[M]. Washington, DC: USDA Forest Service.

Jensen R J. 1997. *Quercus* Linnaeus Sect. Lobatae Loudon, Hort. Brit.385. 1830 Red or Black Oaks. *In*: Flora of North America Editorial Committee, Flora of North America, North of Mexico, 3[M]. .New York: Oxford University Press: 447-468.

Johnson J D, Appel D N. 1984. Major oak diseases and their control[D]. Texas Agriculture Extension Service, Texas A&M University.

Lewis R Jr. 1979. Control of live oak decline in Texas with lignasan and arbotect[C]. In Proceedings, Symposium on Systemic Chemical Treatments in Tree Culture. East Lansing.;Michigan State University: 239-244.

Lewis R, Olivera F L. 1979. Live Oak Decline in Texas[J]. Journal of Arboriculture, 5: 241-244.

Mercker D, Buckley D, Ostby B. 2006. Identifying Oak Trees Native to Tennessee[M]. Knoxville, TN: The University of Tennessee Extension.

Miller H A, Lamb S H. 1985. Oaks of North America[M]. Happy Camp, California: Naturegraph Publishers. Inc.: 327.

MullerC H. 1942. The Central American Species of Quercus. U.S[M]. Washington, DC: Department of Agriculture Miscellaneous Publication: 216, 477.

Nelson T C, Zillgitt W M. 1969. A forest atlas of the South[J]. USDA Forest Service, Southern Forest Experiment Station, New Orleans, Louisiana and Southeastern Forest Experiment Station, Asheville, North Carolina: 27.

Plant Clinic Report. University of Illinois. Web.extention.illinois.edu/plantclinic. [2015-5-13]

Stein J, Binion D, Acciavatti R. 2003. Field Guide to Native Oak Species of Eastern North America[M]. U.S. Washington DC: Department of Agriculture, Forest Service.

Stein J, Binion D, Acciavatti R. 2003. Field guid to native oak species of Eastern North America[J]. Forest Health Technology Enterprise Team,（1）: 1-175.

北 美 橡 树

后 记

橡树，中国园林崛起的新星！

初次结实橡树，是在青年时代，那个时候他留给我的只剩下那挺拔的身姿和雄伟的树形，各种阴差阳错让我在去年又能与橡树做一次深入的交流。那年在美国乔治亚大学进行植物考察时，那一排排的橡木犹如一个个驻守边防的战士，笔直的腰杆，庄严的形态深深地震撼了我，随后校园内那如焰火般炫丽的猩红栎、艳胜红枫的娜塔栎、桀骜不驯的柳栎一次次地刷新着自己对美的认知，让我坚定了回来一定要为橡木做些什么，这也许也就是我写这本书的最初目的吧。

橡树在美国无论在经济上、园林景观上、林业生产上，乃至人文信仰上仍然保持相当高的地位，在许多大学校园常可见到数百年至千年的栎类古木巨树。有些国家还将栎树列为法定的国树，可见对其喜爱有加。为此，我在中国林业科学研究院亚热带林业研究所谭梓峰高级工程师及尹建、李彪等的协同下，多次赴美或居美国对北美橡树进行了实地考察，从而撰写了这本专著《北美橡树》。

橡树具有很高的经济价值，树干可用于船舶、家具、建筑；果实可加工成豆腐、面粉、粉丝等食品；树皮可加工成的软木砖、隔音板、航海用的救生衣；树叶可用于生产饲料或饲料添加剂；果壳可制作活性炭，提取栲胶和黑色染料。橡树树势雄伟，秋色缤纷，在国外的栽培和应用都十分广泛。白栎枝叶繁茂，景色优美；还有株形优美的槲栎，不仅冠似华盖，夏绿荫浓，而且叶形优美，其叶片入秋转为红色或黄色，令人赏心悦目。橡树可孤植、丛植或群植在草坪空间，通过展示该属植物的个体美或者群体美，在最佳观赏季节能够成为视觉焦点。

橡树是尊贵的象征，在欧洲皇室中，备受推崇的非橡木莫属，帝王宝座、皇室车马、宫廷家具、宫殿地板，小到殿堂雕刻、陈酿葡萄酒的橡木桶等随处可见橡木的踪影。橡树叶象征荣耀、力量和不屈不挠的精神，尤其是在特别重视内涵而非外在美丽的中世纪。橡树还是爱情的见证，如《飘》中所述：十二橡树庄园"豪华而骄傲"。优质的橡木陪伴并成就了醇香的美酒，葡萄美酒夜光杯，橡树陪伴着葡萄酒完成生命中美丽而深刻的转变，从张扬、生涩到圆润、丰满与成熟，这并不是每一种木材都能具有的包容与胸怀。

撰写《北美橡树》过程中，让我更加深刻地领悟了橡树的崇高，它受人崇敬膜拜，可是却依旧谦虚低调；它全身是宝，却不炫耀浮夸；它承载了历史长河的厚重，谱写了新时代的篇章，在这最末之际，我想让更多翻阅此书的读者认识橡树，了解橡树，结下更多的橡树情缘。

曹基武

2015 年 6 月

橡树联盟筹备会合照

北 美 橡 树

致　谢

　　本书是中国第一本将橡木认知、繁育及管理介绍得最为翔实的科学工具书，本书图文并茂，语言生动形象，讲解深入浅出，涉及内容庞杂、地域宽广，在编写过程中，得到了各单位和同行的帮助，大家的共同付出使得本书最终得以完成。

　　首先要感谢祁承经教授和美国乔治亚大学迈克·多尔资深教授张冬林先生，两位老师在本书编写过程中提供了专业的指导和无私的关照，并且提出了许多修改意见，特别是张冬林老师为我提供了大量在美国拍摄的橡树照片；同时，吴毅博士、吴林世、杨涛和缪鹏程等几位硕士做了大量工作，还有很多同行人士提出了十分中肯的修改意见，可以说，本书的完成也是大家共同努力的结果。

　　其次本书的出版得到了科学出版社的领导和编辑的热情支持和帮助，特别是李悦和王彦两位老师，他们倾注了大量的心血，在此表示衷心的感谢。

　　最后感谢给予无私帮助的一些国内外有关单位和个人：中苗会裴小军、江苏煜禾农业科技有限责任公司张孝军、浙江森鼎园林绿化有限公司蔡春艳、湖北红杏园林绿化有限公司陈丽红、浙江桐庐丹桂生态农业开发有限公司舒荣、安徽肥东县青杨现代农业开发有限公司郑祥、Hua Mei Seed Trading, Ihc Zhen Jun、浙江义乌锦泰山水农业开发有限公司陈贯民、湖南汉庭生态投资有限公司张璨，湖南永兴绿地源农林综合有限公司龙楚根。

曹基武

2015 年 7 月于中南林业科技大学